CRÉOSOTE

TOLÉRANCE ET INTOLÉRANCE

(INDICATIONS ET CONTRE-INDICATIONS)

MODE D'ACTION

PAR

Le Dr P. ROBERT SIMON

PARIS

GEORGES CARRÉ ET C. NAUD, ÉDITEURS

3, RUE RACINE, 3

1899

CRÉOSOTE

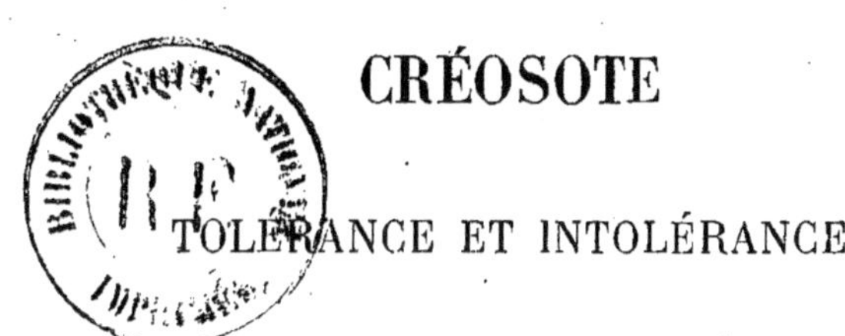

TOLÉRANCE ET INTOLÉRANCE

CRÉOSOTE

TOLÉRANCE ET INTOLÉRANCE

(INDICATIONS ET CONTRE-INDICATIONS)

MODE D'ACTION

PAR

Le Dr P. ROBERT SIMON

PARIS

GEORGES CARRÉ ET C. NAUD, ÉDITEURS

3, RUE RACINE, 3

1899

Tout ce que je sais de l'emploi de la créosote, je l'ai
appris du Dr Burlureaux. Si donc ce modeste travail a
quelque fortune, je lui en rapporte par avance tout le
mérite.

Mais ma dette envers lui est plus haute. Après avoir
été mon maître, il m'a agréé comme son collaborateur,
et, guidant mes débuts dans la pratique médicale, il m'a
donné de sa sollicitude des témoignages si constants et si
précieux, que je ne saurais m'acquitter envers lui et reste
à jamais son obligé. Qu'il me laisse l'assurer ici de ma
vive gratitude, de ma respectueuse et profonde affection.

R. S.

Janvier 1899.

INTRODUCTION

En 1832, Heidenbach découvrait la créosote de hêtre
et la proposait dans le traitement de la tuberculose ; elle
était d'abord l'objet d'un engouement général, puis, discré-
ditée par les attaques de Martin-Solon, elle perdait toute
valeur et cessait d'être utilisée.

Aussi était-elle tombée dans un oubli presque absolu
quand MM. Bouchard et Gimbert (Congrès de Genève,
1896) vinrent apporter les résultats très encourageants obtenus par eux sur une série de tuberculeux : cette publication
suscita de nombreux travaux, et l'on peut dire que dès
lors la créosote garde sinon la place qu'elle mérite, du
moins une place honorable dans l'arsenal de la thérapeutique antituberculeuse.

En 1893, MM. Béhal et Choay, étudiant les créosotes
du commerce au point de vue de leur composition, en iso-
laient un premier composant, le gaïacol cristallisé, mon-
traient qu'il est un corps défini répondant à la formule
$C^6H^4 < \frac{OCH^3}{OH}$ et le produisaient par synthèse (Académie des
Sciences, 30 janvier 1893).

Puis ils établissaient la véritable constitution de la créosote, composée de monophénols (phénol ordinaire, orto, méta, para-crésylols, phlorol) et d'éthers méthyliques de diphénols (gaïacol et créosol) et réalisaient avec ces différents éléments la créosote de synthèse (Académie des Sciences, mars 1893).

En 1894, Burlureaux faisait connaître ce que cinq années de pratique quotidienne lui avaient appris sur la valeur de cet agent médicamenteux dont Bouchard a dit qu'il est « ce que nous avons de moins mauvais contre la « tuberculose », et le professeur du Val-de-Grâce exposait (1) ce qu'il avait observé touchant la tolérance de l'organisme à l'égard de la créosote.

De 1887 à 1898, environ 250 auteurs ont écrit sur la créosote, le gaïacol et leurs dérivés, ou, si l'on veut, 250 médecins, et non des moindres, ont, dans tous les pays, employé ces médicaments et noté les effets qu'ils ont observés ; quelques-uns ont parlé des phénomènes toxiques consécutifs à leur administration ; d'autres ont noté que, dans des cas entre lesquels ils n'ont pas fait de rapprochement, ces médicaments provoquaient chez les malades auxquels ils étaient administrés, des phénomènes réactionnels non toujours en rapport avec ce qu'ils se croyaient en droit d'attendre ; jusqu'en 1894, ces faits sont demeurés inexpliqués, parce que les différents observateurs se sont contentés de noter ces réactions insolites, mais en ont méconnu les caractères de similitude : seul, Burlureaux a

---

(1) Ch. Burlureaux. Traitement de la tuberculose par la créosote. Paris, 1894, Rueff et Cie.

vu qu'un lien causal unissait ces faits en apparence isolés, a saisi la raison commune de ces réactions, et a édifié une théorie qui les explique pleinement.

Depuis six ans, nous avons lu tout ce qu'il nous a été possible de nous procurer des publications parues, tant en France qu'à l'étranger, sur l'emploi de la créosote ; nombreux sont les praticiens avec lesquels nous avons eu l'occasion de nous entretenir de cette question : nous n'avons plus trouvé ni entendu rien qui rappelât cette notion, due à Burlureaux, de la tolérance de l'organisme pour la créosote et du rapport entre cette tolérance et la résistance de l'organisme créosoté : tolérance, intolérance, à propos de créosote, voilà deux termes dont il semble que Burlureaux seul se soit servi, tant il est rare de rencontrer non seulement la notion, mais encore le terme de tolérance chez les différents auteurs ; « donner la créosote à dose tolérée » est une formule qu'il semble n'avoir créée que pour son propre usage... car c'est avec une persistance décevante que de toutes parts on lui pose cette question : « A quelle dose donnez-vous la créosote ? » De sorte que l'on peut dire que l'historique de la tolérance et de l'intolérance de l'organisme à l'égard de la créosote tient tout entier dans l'ouvrage déjà cité de notre maître, et que la question n'existe guère plus depuis cette publication qu'elle n'existait avant.

Cette constatation aurait pu nous inspirer quelque humilité, et nous garder de soulever une question, d'en affirmer l'existence en face de tant d'observateurs qui, écrivant sur la même matière, n'en ont pas fait mention : nous pensons cependant que les faits existent, même méconnus, et que, vu la netteté des observations recueillies, il y a lieu de formuler sinon une théorie, du moins une hypothèse donnant une interprétation rationnelle de phénomènes constatés par un grand nombre d'observateurs et non par nous seul, mais qui n'existent encore qu'à l'état de faits isolés, sans coordination, et n'ont pas reçu jusqu'ici une interprétation qui satisfasse l'esprit dans tous les cas.

C'est qu'en effet, dans l'ordre de la nature, rien n'arrive au hasard ; « rien, dit Bacon, n'est si petit qu'il arrive sans « cause, et d'autre part rien n'est si grand qu'il ne dépende « d'une condition. Rien n'est, dans l'univers, semblable à « une île, sans lien avec le reste des choses ».

Observer les faits, les classer, les grouper selon leurs ressemblances ; puis « s'élever de la connaissance des faits « à celle des lois qui les régissent » (1), telle est la série des opérations qui s'impose à tout esprit soucieux de vérité : « vere scire est scire per causas », dit encore Bacon.

Que la découverte d'une loi soit le résultat nécessaire et désirable de toute recherche, cela n'est pas douteux ; qu'elle en soit toujours le résultat immédiat, l'histoire de la science nous apprend qu'il en est rarement ainsi.

Mais, à défaut de loi, l'hypothèse déjà est féconde : elle est la base de toute science, elle est l'idée directrice que l'expérimentation a pour but de contrôler, et sans laquelle elle se ferait au hasard. Les conditions mêmes de l'hypothèse sont d'ailleurs loin d'être dépourvues de rigueur scientifique : elle doit ne contredire aucun des faits déjà

---

(1) LACHELIER. Du fondement de l'induction.

connus, expliquer le plus grand nombre de faits déjà connus et permettre d'en découvrir d'autres, et donner des faits l'explication la plus simple possible.

Enfin, l'hypothèse n'est qu'un jalon jeté sur la route de la vérité : elle est destinée soit à disparaître devant une loi qui la contredit et la supplante, soit à recevoir de faits nouveaux une confirmation telle, qu'elle obtienne force de loi ; et s'il fallait nous excuser encore de n'émettre qu'une hypothèse là où l'on eût sans doute voulu nous voir formuler une loi, nous rappellerions humblement que c'est à la connaissance de l'*hypothèse des tourbillons* de Descartes, que Newton dût sa découverte des lois de la gravitation universelle.

Nous n'apportons donc qu'une hypothèse, elle nous paraît vraisemblable : mais qu'une autre, partant d'elle, vînt à formuler une loi contraire et ruinât notre hypothèse, nous aurions encore, émettant celle-là, servi la vérité ; c'est notre seule ambition.

De toutes les questions que soulève l'emploi de la créosote dans le traitement de la tuberculose, celle de la tolérance et de l'intolérance de l'organisme pour ce médicament nous avait tout particulièrement intéressé ; rien en effet n'est plus surprenant que de voir une même dose du médicament, administrée de la même façon, à la même heure, être acceptée par certains malades sans produire la moindre réaction, alors que chez d'autres elle provoque parfois des phénomènes allant d'un léger malaise à la plus redoutable toxicité ; être, en d'autres termes, parfaitement tolérée par les uns, absolument intolérée par d'autres.

Nous avons donc recueilli tous les cas d'intolérance qu'il nous a été donné de constater et qui, joints aux documents que nous avons pu nous procurer sur ce sujet, constituent les soixante et quelques observations rapportées au cours ou à la fin de ce travail.

D'autre part, pour mieux étudier, si possible, ces phénomènes et en saisir le déterminisme, nous avons sur nous-même cherché à provoquer l'intolérance créosotée ; mais nous devons dire que nous n'avons pu la faire apparaître. Persuadé que les injections créosotées ne pouvaient qu'avoir un excellent effet sur l'état général, même chez le non tuberculeux, nous nous sommes fait en deux mois une série de 28 injections, aux doses progressives de 5, 10, ... 60 grammes d'huile créosotée au 15e, de façon à absorber 65 grammes de créosote synthétique dissoute dans 950 grammes d'huile ; et si nous n'avons pu étudier sur nous-même l'intolérance, nous avons pu apprécier ce qu'est la tolérance parfaite, et, soit dit en passant, les excellents effets du médicament au point de vue dynamogénique.

Enfin, nous avons cherché dans l'expérimentation un procédé de contrôle des faits observés et aussi de l'hypothèse que nous formions pour les expliquer tous : si nous avons à peu près échoué dans cette tentative, cela tient uniquement, croyons-nous, à des causes inhérentes aux conditions et à la nature de nos recherches : comme nous le disons plus loin avec quelques détails, les phénomènes d'intolérance à l'égard de la créosote sont de deux ordres : phénomènes subjectifs, sensations : nous ne pouvions songer à les enregistrer par l'expérimentation animale ; phénomènes objectifs, l'hypothermie et la coloration plus ou moins noire des urines ; l'hypothermie, passagère, et qui eût demandé, pour être rigoureusement observée, cette condition irréalisable d'une exploration thermométrique continue pour tous les animaux en expérience, soit la présence d'un aide par animal ; la coloration des urines, à peu près impossible à observer chez les herbivores à urine épaisse et qui ne peut être recueillie que souillée de détritus de toute nature.

Néanmoins, si nous n'avons pu enregistrer les résultats que nous espérions, nous avons, au cours de ces recherches, rencontré des faits utiles à connaître et que nous nous félicitons d'avoir provoqués.

Dans cette étude, nous préciserons d'abord ce qu'à notre sens il faut entendre par tolérance et intolérance de l'organisme à l'égard d'un médicament ; nous décrirons ensuite les symptômes de l'intolérance de l'organisme à l'égard de la créosote ; enfin, nous appuyant surtout sur les données de la clinique, nous chercherons à saisir et à déterminer le mécanisme de l'intolérance et à tirer de cette étude les conclusions physiologiques qui en découlent.

Quant aux déductions thérapeutiques, nous nous interdirons de les développer, d'abord parce que dans leurs grandes lignes elles découlent pour ainsi dire d'elles-mêmes de l'essai de pathologie générale que nous entreprenons, ensuite et surtout parce qu'elles nous entraîneraient beaucoup trop loin, l'étude de l'emploi de la créosote en thérapeutique nous paraissant mériter tout un volume.

CHAPITRE PREMIER

Tolérance et intolérance.

Par tolérance à l'égard d'un médicament, il faut entendre un état de passivité de l'organisme tel, que l'administration de ce médicament ne détermine l'apparition d'aucun phénomène pathologique, d'aucune réaction. Inversement, on doit dire qu'il y a intolérance toutes les fois que l'administration d'un médicament provoque des phénomènes étrangers à l'état physiologique, si peu marqués soient-ils — à fortiori si ces phénomènes confinent à la toxicité.

Ainsi, un malade traité par l'iodure de potassium et n'éprouvant ni coryza, ni céphalée, ni gastralgie, ne présentant aucune éruption médicamenteuse, doit être considéré comme tolérant l'iodure. S'il a un peu de coryza, nous dirons qu'il présente un peu d'intolérance; s'il y a des phénomènes céphaliques, gastriques et cutanés tels qu'il faille suspendre l'administration du médicament, nous dirons qu'il a une intolérance absolue.

Pour la créosote, il est des malades qui supportent d'une façon parfaite les doses énormes que nous aurons à préciser plus tard, et, après leur avoir fait par exemple une injection créosotée, on ne peut observer chez eux aucun phénomène réactionnel, ni du côté de la circulation, ni du côté de la respiration ; leurs températures, leurs urines sont normales ; interrogés, ils déclarent ne ressentir rien d'inaccoutumé : ceux-là sont des tolérants parfaits.

Au contraire, une dose de créosote dix fois, cent fois moindre que celle qui avait été tolérée par ces premiers malades provoque chez d'autres des phénomènes particuliers que nous allons décrire : nous disons que ces malades-ci tolèrent mal, tolèrent très mal, ne tolèrent pas la créosote ; et l'intolérance peut être telle, que la créosote devient pour eux un véritable poison.

La limite entre la dose tolérée et la dose toxique reste ainsi très difficile à préciser ; mais, dans notre esprit, phénomènes d'intolérance, phénomènes physiologiques et phénomènes toxiques sont trois termes n'exprimant que des degrés d'un même état réactionnel provoqué par le médicament.

Note. — Nous nous sommes servi, pour les injections dont nous parlerons fréquemment au cours de cette étude, d'huile d'olive neutralisée, stérilisée, et créosotée soit au 100ᵉ, soit au 15ᵉ, mais beaucoup plus souvent à ce dernier titre : partout où nous employons les termes : injection, injection créosotée, injection d'huile créosotée, sans spécifier le titre, il faut lire : injection d'huile créosotée au 15ᵉ.

De même, tout ce que nous disons des effets de la créosote ne s'applique qu'à la créosote de synthèse, la seule qui, étant un mélange en proportion définie de monophénols et d'éthers de diphénols, tous obtenus par synthèse, soit toujours comparable à elle-même ; nous n'oserions en effet injecter sous la peau ou dans le rectum aucune des créosotes plus ou moins rectifiées du commerce.

CHAPITRE II.

Des phénomènes d'intolérance créosotée ; leurs degrés.

Avant de chercher à pénétrer les causes de la non tolérance de certains organismes pour la créosote, il est nécessaire de préciser les divers phénomènes par lesquels se traduit l'intolérance, en faisant remarquer que la voie d'introduction du médicament importe peu : qu'il s'agisse de pénétration par frictions, par lavements, par ingestion, par injections sous-cutanées, les phénomènes sont les mêmes dans leur essence ; seule, la dose capable de les produire varie avec le mode de pénétration, c'est-à-dire suivant que l'absorption est plus ou moins rapide, plus ou moins parfaite.

L'intolérance de l'organisme à l'égard de la créosote se traduit par les phénomènes suivants : goût de créosote dans le pharynx, sueur, frisson, vertige, hypothermie suivie ou non d'hyperthermie, urine noire, état cholériforme. Mais, comme l'intolérance peut être plus ou moins marquée, comme elle présente des degrés, on comprend que l'on puisse ne constater qu'un ou plusieurs de ces symptômes, ou les observer tous à la fois.

A un *premier degré* d'intolérance, les phénomènes sont

les suivants : pendant ou tout de suite après l'administration du médicament, le malade perçoit dans le pharynx un léger goût de créosote, qui disparaît assez rapidement, quelquefois en 15 ou 30 minutes. Ou bien, au cours même d'une injection ou dans la demi-heure qui suit, apparaît une légère moiteur également de peu de durée. Chez d'autres sujets, on constate un abaissement permanent de la température pendant toute la durée du traitement créosoté, avec retour à la normale quand on cesse d'administrer la créosote.

Il en était ainsi chez un malade dont la moyenne des températures était de 35°,5 pendant deux mois consécutifs au cours desquels il prenait de la créosote ; pendant une interruption d'un mois, la moyenne était de 36°,6, et à la reprise du traitement, qui fut d'ailleurs cessé pour cette raison, on observait de nouveau un abaissement de température allant de 35°,7 à 35°,4.

Un autre symptôme d'intolérance légère est la coloration foncée des urines, qui prennent après exposition à l'air la teinte d'une infusion de thé fort.

Enfin on observe encore des vertiges de tous points semblables à ceux si fréquents chez les neuro-arthritiques et les ralentis de la nutrition.

Une de nos malades éprouvait, chaque fois qu'elle se relevait du siège sur lequel elle venait de recevoir une injection, un léger vertige durant de 2 à 5 minutes; nous n'attachions tout d'abord pas d'importance à ce phénomène, ayant affaire à une tuberculeuse neuro-arthritique. Les doses de créosote ayant été élevées, elle éprouva 2 ou 3 fois dans la rue, tout de suite après l'injection, une sensation passagère d'ivresse des plus pénibles ; encore peu familiarisé avec ce phénomène, et ne constatant d'autre part ni sueur, ni goût de créosote, ni urine foncée, nous crûmes pouvoir continuer à augmenter les doses ; mais survinrent alors, en même temps que ces vertiges, des phénomènes tellement nets que force nous fut de reconnaître l'intolérance (goût de créosote, sueur, hypothermie légère).

A un *second degré* d'intolérance, les phénomènes du 1er degré se retrouvent, plus marqués, et il s'y en ajoute d'autres. D'abord, le goût de créosote est plus intense, et persiste parfois des heures, ne cessant momentanément que *pendant* que les malades mangent. Il semble au malade qu'il a par mégarde avalé de la créosote. La sueur est plus prononcée, et surtout elle apparaît plus tardivement, 2, 3 ou 4 heures après une injection ; elle dure aussi davantage. Il n'est pas rare de voir ce degré d'intolérance s'accompagner de céphalée au réveil, et de courbature, quelquefois d'un état momentané de dyspepsie. Au même degré d'intolérance appartiennent les urines noires, sortant claires de la vessie, et noircissant à l'air au bout de 10 heures, 6 heures, 2 heures.

Parfois, et on se trouve en face du *troisième degré* dans l'échelle de l'intolérance, la persistance du goût de créosote est telle que celui-ci reparaît même après un repas, et peut exister encore le lendemain d'une injection. Si de la sueur se produit, mais seulement 6 à 7 heures après la fin d'une injection, on est en face d'un degré d'intolérance qui confine à l'intoxication. Les urines seront, dans ce cas, déjà noires en sortant de la vessie, ou noirciront très vite à l'air ; cependant disons ici que les données fournies par l'examen des urines n'ont qu'une valeur d'ordre secondaire ; une urine noire et devenant rapidement très noire peut n'indiquer qu'une intolérance minime ; inversement il peut y avoir intolérance grave sans urines noires. Mais le phénomène solennel devant faire craindre la grande intolérance, c'est le refroidissement que le malade éprouve 6 à 7 heures après la prise de l'injection ; il précède en général de quelques instants la sueur tardive que nous avons signalée :

« Ou bien le malade a une sensation de froid dans le dos,
« dont il ne se plaint pas, tant elle est fugitive et insignifiante.
« Mais le médecin doit la rechercher, demander de la façon la
« plus précise si, 7 heures après la fin de l'injection, le ma-
« lade n'a pas éprouvé cette sensation spéciale. Si oui, c'est
« que l'on a atteint la limite de la tolérance. Ce petit signe
« est à lui seul plus précieux que l'apparition des urines
« noires, des sueurs, du vertige. Ou bien le refroidissement
« est accusé par le malade ; il dit qu'il a eu peine à se ré-
« chauffer, qu'on a été obligé de lui mettre une ou deux
« couvertures, et que cette sensation de froid a persisté une
« demi-heure ou trois quarts d'heure ; quand on précise les
« questions, on apprend qu'elle est survenue 7 heures
« après la fin de l'injection. Ou bien il se produit une sen-
« sation de refroidissement beaucoup plus profond, durant
« trois quarts d'heure à une heure, refroidissement surtout
« marqué dans le dos et le thorax, précédé de frissons qui
« durent, plus ou moins intenses, de cinq à quinze minutes.
« Enfin on peut observer des phénomènes véritablement
« inquiétants : le malade éprouve une sensation des plus
« pénibles de froid intérieur : il a les extrémités glacées.

« les lèvres cyanosées, il est secoué par des frissons qui
« rappellent à s'y méprendre ceux de la fièvre intermittente ;
« en même temps, une sueur profuse, visqueuse, l'inonde,
« et son malaise est inexprimable » (1).

Ajoutons que, dans tous ces cas d'intolérance grave, la
sensation de refroidissement est précédée d'une hypothermie véritable que nous avons vue être de 33° dans un cas ;
cette hypothermie, qui débute vers la 2° heure après l'injection, va crescendo jusqu'à la 7° heure : survient alors
la sensation de refroidissement pendant laquelle elle peut
persister ; puis elle diminue pour faire place à l'hyperthermie progressive, hyperthermie qui peut atteindre 39° et 40°,
et dont le maximum correspond à la période de sueur profuse maxima.

Dans ces dernières années, on a beaucoup vanté l'emploi du gaïacol en badigeonnages contre la fièvre des
tuberculeux.

Née à Gênes avec Sciolla, cette pratique a été imitée par
de nombreux médecins italiens, par l'Ecole de Lyon avec
Bard, Bosc, Teissier, Lépine, etc., en Suisse par Bugnion
et Berdez, à Lille par Desplats : successivement les Anglais,
les Américains, les Allemands ont employé le gaïacol
antithermique.

Si, bornant nos investigations aux travaux de langue
française, nous recherchons quelle est l'opinion professée
sur ce sujet, un fait nous frappe et nous étonne : tous les
auteurs ont noté, à la suite des badigeonnages gaïacolés,

---

(1) Burlureaux. *Loc. cit.*, p. 96 et suiv.

des effets en général violents, souvent graves, parfois mortels ; aucun n'a vu là des phénomènes toxiques ; tous ont noté des réactions absolument semblables à celles que produit la créosote quand elle n'est pas tolérée ; aucun n'a pensé qu'il s'agît d'intolérance et que la dose habituelle (3 grammes) fût peut-être excessive dans son uniformité.

Nous manquerions à ce que nous devons à ces observateurs, si, discutant une question où nous ne pouvons accepter leurs conclusions, nous ne commencions pas par citer celles-ci.

G. Lyon (in *Gazette hebd. de Méd. et Chir.*, 23 février 1895) note comme phénomènes habituels à la suite des badigeonnages de gaïacol des « sueurs profuses, frissons, « tremblement, toux quinteuse ».

L. Bard (in *Province Médicale*, 1895, n° 38) dit ceci : « Je ne considère pas non plus comme importantes les « sensations désagréables que le malade peut éprouver « par le fait des sueurs profuses, qui sont habituelles, ou « de la sensation de froid trop accusée, qui est exception- « nelle, ou de la sensation de faiblesse qui résulte de la « chute brusque de la fièvre ». Et plus loin... : « Le plus « souvent l'action nocive du badigeonnage s'exerce par un « mécanisme différent ; la température s'abaisse comme à « l'ordinaire : une amélioration subjective plus ou moins « marquée se manifeste même ; puis, après 6 à 7 heures de « de mieux-être et d'apyrexie relative, la température re- « monte rapidement par une sorte de choc en retour, quel- « quefois avec un frisson intense : les phénomènes graves « réapparaissent avec une intensité nouvelle, la tempéra- « ture atteint un fastigium plus élevé qu'avant le badi-

« geonnage, et le malade succombe en 2 ou 3 heures au cours
« de cet état fébrile... On peut se demander si l'on ne
« pourrait pas, dans les cas que je viens de citer, parer au
« danger de cette réascension thermique par un nouveau
« badigeonnage; j'ai eu rarement l'occasion de le faire,
« d'ailleurs sans succès ».

Bosc (in *Lyon Médical*, 1894, p. 387 à 400) s'exprime
ainsi : « On a signalé, à la suite de cette médication, quel-
« ques symptômes alarmants : hypothermie progresive,
« sueurs abondantes, sensation pénible de froid, tendance
« au collapsus. La mort serait même survenue dans un cas
« de Bard, quoiqu'on n'eût employé qu'une dose de 3 gram-
« mes de gaïacol ».

On le voit, la notion d'une tolérance à rechercher, à
établir en partant de doses faibles, n'existe en aucun cas ;
on emploie en général la dose initiale et uniforme de 3
grammes de gaïacol, et l'on ne se demande pas comment
elle peut n'amener que l'hypothermie chez certains malades,
et chez d'autres le collapsus et la mort : et, bien que Bard
admette la possibilité d'une action nocive du badigeonnage
de gaïacol, il n'en propose pas moins une nouvelle dose
pour parer aux inconvénients d'une première, qui mani-
festement était déjà trop forte.

Bien plus, on dénie à ces réactions tout caractère toxique. Desplats (in *Journal des Sc. méd. de Lille*, 1894, p. 1
à 8, 25, 32) note que l'effet habituel des badigeonnages de
gaïacol est une diaphorèse abondante, une hypothermie
immédiate et passagère; « puis au bout de 1 heure 1/2 à 2
« heures, la face devient pâle, la peau sèche, le pouls
« petit et fréquent, la respiration plus accélérée ; le sujet

« accuse un certain malaise et une sensation de froid... Si la
« chute a été très profonde et brusque, les phénomènes
« seront plus accusés : la face sera grippée, le nez se pincera,
« les yeux s'excaveront, les lèvres seront bleuâtres et les
« extrémités glacées. En même temps, le pouls sera très
« petit et fréquent, la respiration très accélérée, et le sujet
« sera pris d'un grand frisson généralisé qui pourra durer
« 1/4 d'heure et même 1/2 heure. Les assistants non préve-
« nus... ne peuvent que croire à des phénomènes toxi-
« ques ». Ce n'est pas ainsi que l'auteur veut que l'on
interprète les phénomènes ; pour lui « de même que le gaïa-
« col a eu pour effet une vaso-dilatation généralisée et
« intense avec toutes ses conséquences, de même l'épuise-
« ment de son action sera le signal d'une vaso-constriction
« brusque et généralisée, qu'il ne faudra pas considérer
« comme un signe d'intoxication ».

Eh ! bien, nous nous élevons absolument contre cette
manière de voir, et contre cet emploi à dose quelconque de
gaïacol en badigeonnages (1) ; si d'une part l'on songe que
la créosote renferme 25 pour 100 de gaïacol ; si d'autre
part l'on rapproche les réactions consécutives à cet emploi
du gaïacol, de celles que nous venons de décrire sous le
nom de phénomènes d'intolérance des trois premiers degrés
provoqués par la créosote, et si l'on remarque que les
auteurs que nous venons de citer, et d'autres, ont noté
souvent le goût de gaïacol dans le pharynx, constamment
de la sueur, une hypothermie durant quelques heures et

______

(1) Sciolla a donné ainsi jusqu'à 10 grammes de gaïacol.

suivie d'un retour à l'hyperthermie, parfois des vertiges, du collapsus, nous demandons s'il faut vraiment, pour interpréter ces réactions, pour en légitimer la provocation dans un but thérapeutique, invoquer quelque choc en retour, quelque vaso-constriction succédant brusquement à une vaso-dilatation généralisée et intense (ce qui n'expliquerait pas en tous cas la cyanose des lèvres) — ou si plus simplement ce ne sont pas là des phénomènes d'intolérance à éviter, des phénomènes toxiques en un mot. Pour nous, l'interprétation n'est pas douteuse : elle nous a paru mériter cette longue parenthèse (1).

En effet, à ce 3ᵉ degré d'intolérance se rattache un état cholériforme de la peau, absolument typique, dont nous avons observé un cas ; enfin, quelques phénomènes gastralgiques assez rares ont été signalés par divers auteurs et constatés par nous-même chez 3 ou 4 malades qui ne prenaient de créosote que par la voie sous-cutanée.

A un *quatrième degré*, l'intolérance peut exceptionnellement revêtir un caractère tellement grave, qu'elle mérite le nom d'*intoxication aiguë avec phénomènes méningitiques*.

La littérature médicale ne contient à notre connaissance que trois observations d'intoxication aiguë : les deux premières, publiées par Burlureaux (2), figurent dans son ouvrage sous le nom de « Méningites tuberculeuses surve-

---

(1) D'autre part, nous savons que les gaïacols employés n'étaient pas des gaïacols purs, cristallisables, mais des gaïacols impurs, renfermant des produits de tête et de queue de distillation : il n'est pas douteux que ces circonstances n'aient encore augmenté la violence des intoxications.

(2) *Loc. cit.*, p. 298 à 306.

nues au cours du traitement créosoté » : mais actuellement, rapprochant ces deux observations de la 3ᵉ, qui fit le sujet d'une communication de M. Faisans à la Société médicale des Hôpitaux (1), M. Burlureaux n'hésite pas à les considérer toutes trois comme des observations très nettes d'intoxication aiguë.

Elles sont du reste, comme le fait remarquer M. Faisans, absolument superposables, et il nous suffira de citer la 3ᵉ pour préciser la physionomie de ces états de *créosotisme* aigu.

Le malade qui en fait le sujet avait d'abord été soigné par nous : c'était un ancien infirmier du Val-de-Grâce, et nous avions pu en 1891 et 1892 apprécier les résultats qu'il avait obtenus d'une cure créosotée prolongée : c'était d'ailleurs l'amélioration éprouvée en 1892 qui l'avait décidé à revenir à Paris en 1895 pour y subir un second traitement créosoté, et M. Burlureaux avait bien voulu nous confier le malade.

Nous lui fîmes, du 15 novembre au 1ᵉʳ décembre 1895, des injections quotidiennes à doses croissantes, restant auprès de lui pendant toute la durée de l'opération. Quand nous eûmes atteint le 1ᵉʳ décembre la dose de 140 grammes d'huile au 15ᵉ, nous observâmes quelques petits phénomènes d'intolérance qui nous indiquèrent que nous confinions à la dose toxique, et nous en avertîmes le malade.

Le malheur voulut que les injections suivantes fussent faites en notre absence par un étudiant en médecine ami du malade, qui se bornait à introduire l'aiguille sous la peau et partait ensuite sans surveiller l'injection.

------

(1) *Bull. et Mém. de la Soc. méd. des hôpitaux*, nᵒˢ des 23 et 30 janv., 20 février 1896.

Les premiers jours, tout alla bien ; le malade, soucieux de notre recommandation, ne dépassait pas la dose de 5o à 6o grammes. Mais un jour, il déclara qu'il allait prendre une injection sérieuse… et il la prit si sérieuse qu'il faillit en mourir : c'était le 8 décembre.

Le 9, des amis, ne le voyant pas à l'heure habituelle, s'inquiétèrent progressivement, à midi, firent enfoncer sa porte, et à 1 heure venaient en toute hâte chercher M. Burlureaux qui trouva le malade dans l'état suivant :

Il était sans connaissance, ne poussant que quelques grognements inarticulés quand on le remuait ou quand on le pinçait légèrement, surtout quand on touchait la région épigastrique : il avait les pupilles très dilatées et égales, insensibles à la lumière ; la température était de 38°, le pouls à 100. Son lit était souillé de vomissements, et la première idée qui vint à M. Burlureaux fut celle de méningite tuberculeuse : c'est d'ailleurs avec ce diagnostic d'urgence que le malade fut envoyé à la Pitié dans le service du Dr Faisans.

Mais continuant son enquête, M. Burlureaux apprit que le malade avait reçu la veille une injection, qu'au début de l'injection l'appareil contenait 15o grammes d'huile créosotée : or cet appareil fut retrouvé sur la table du malade à l'extrémité de sa chambre, ne contenant plus que 10 grammes de liquide ; c'est donc que 14o grammes avaient été absorbés par le malade laissé seul après l'introduction de l'aiguille ; il devenait évident qu'à la fin de l'injection le malade s'était levé, avait posé son appareil presque vide sur sa table, puis s'était recouché et avait ressenti quelques heures après les phénomènes toxiques : tous ces détails furent transmis à M. le Dr Faisans.

Les 3 jours suivants, le malade resta dans un demi-coma alternant avec des périodes de délire aigu ; quand nous le vîmes à la Pitié le 3e jour, le 11 décembre, il était couché en chien de fusil, les yeux fermés et les sourcils froncés comme si la céphalée était intense ; il protestait énergiquement dès qu'on voulait l'examiner.

Rien au cœur, pouls régulier, pas de constipation, urine sous lui ; par instants délire violent avec hallucinations.

12 *décembre.* — Même état.

13 *décembre.* — Amélioration ; deux litres d'urine presque noire sont rendus ; le malade commence à reprendre conscience de lui-même, répond à peu près aux questions qu'on lui pose, mais n'a aucun souvenir de ce qui s'est passé.

14 *décembre.* — Les urines sont redevenues normales, et le 15 tout est rentré dans l'ordre : il ne reste qu'une perte de mémoire absolue de ce qui est arrivé.

Cette observation est tout à fait semblable à la première du Dr Burlureaux, dans laquelle on nota : fièvre légère 38°, un seul instant 39°,5 : alternatives de torpeur et de délire hallucinatoire ; hyperesthésie généralisée, miction et garde-robes involontaires ; régularité du pouls et de la respiration, ni paralysies ni contractures ; dilatation considérable et égale des pupilles, évolution rapide, amélioration notable le 4° jour et guérison complète le 6°, avec amnésie absolue de ce qui s'était passé non seulement pendant la période méningitique, mais encore pendant les heures précédentes (1).

La similitude de ces faits ne nous paraît, pas plus qu'aux deux observateurs que nous venons de citer, pouvoir laisser place à un doute ; il s'agit bien là d'intoxication aiguë par la créosote, et à ce titre, ces états d'intolérance au maximum devaient être rapportés ici. Ajoutons, pour l'honneur de de la méthode et pour le souci de la vérité, que chez les trois malades qui font l'objet de ces observations il n'y a eu aucune suite grave : ils n'ont gardé aucun souvenir fâcheux de ce qui s'était passé, bien plus, tous trois ont insisté ensuite pour continuer le traitement créosoté.

---

(1) *Loc. cit.*, p. 298 et suiv.

Disons enfin que ces grands accidents d'intolérance sont rares, puisqu'il n'en existe que trois cas connus, et que, depuis 6 ans que nous faisons journellement des injections créosotées à doses variables, nous n'en avons nous-même povoqué aucun cas.

Nous aurons complété cette étude préliminaire de l'intolérance, quand nous aurons signalé un phénomène qui a avec elle de nombreuses analogies — sans doute même un degré élevé de parenté — mais qui, lui aussi, ne se produit que dans le traitement par injections sous-cutanées.

Il arrive que, *dans le cours d'une injection*, le patient perçoit *tout à coup* un goût intense de créosote dans l'arrière-gorge ; puis survient une sensation d'angoisse et d'étouffement qui rappelle celle de l'angor pectoris ; des quintes de toux de plus en plus rapprochées, de la dyspnée, augmentent encore le malaise, qui devient inexprimable ; en même temps un sueur visqueuse ruisselle sur tout le corps.

Ce goût intense de créosote, cette sueur, rappellent les phénomènes d'intolérance légère : mais en même temps l'angoisse, l'oppression, la toux quinteuse et le malaise *subits* sont tels, que l'on ne peut songer à rapporter ces accidents à la seule action de la créosote : il s'agit là d'un fait beaucoup plus grave, de l'introduction directe du médicament dans le courant sanguin par piqûre d'un vaisseau : du reste, si l'on arrête immédiatement l'injection, cet état en apparence si alarmant cesse presque aussitôt, mais on voit bien pourquoi les premiers symptômes observés alors sont ceux de l'intolérance, et qu'il n'y a pas de différence entre l'effet produit par une trop forte dose absorbée peu à peu, et une dose minime introduite brusquement dans un vaisseau — toutes réserves faites de la part qui revient à l'embolie huileuse dans la production de phénomènes si subits et d'une telle intensité.

Il faut savoir que les accidents dus à l'introduction de l'huile créosotée dans un vaisseau peuvent aller jusqu'à la convulsion, probablement jusqu'à la mort rapide : et, à ce sujet, nous devons rapporter un fait d'expérimentation qui prouve qu'il ne faudrait pas ranger parmi les phénomènes d'intolérance des accidents qui ne se sont jamais produits devant nous, quelle que fût la dose injectée, quand l'injection était pratiquée normalement dans le tissu cellulaire sous-cutané.

Juin 1896. — Un lapin en cours d'expériences avait reçu, les 20, 21 et 22 juin, des injections égales de 15 grammes d'huile créosotée au 15ᵉ ; ses poids quotidiens avaient été de 2,100, 2,150, 2,180 grammes et les températures de ces mêmes jours, 39°,8, 39°,7, 39°,9 (1). Tout était donc normal et la tolérance parfaite.

Le 23 juin. — P. 2,200, T. 40°. A 3 heures après midi, une injection est pratiquée sous la peau avec une seringue de 5 grammes ; l'aiguille, laissée en place pour permettre de recharger la seringue, donne issue par sa base à quelques gouttes de sang, ce qui indique que l'injection a été poussée dans un vaisseau. On retire l'aiguille et un thermomètre est maintenu dans le rectum.

3ʰ,5. — L'animal, abandonné à lui-même, tombe sur le flanc, avec parésie du train postérieur.

3ʰ,7. — Mouvements convulsifs du train postérieur. T. 39°,3.

3ʰ,10. — Convulsions généralisées, l'animal bave ; pupilles contractées et égales, tremblement des muscles de la face ; ni miction ni défécation. T. 38°,9.

---

(1) La température d'été du lapin varie entre 39°,6 et 40° (T. R.).

3^h,30. — T. 38°,2. Nistagmus transversal, hyperexcitabilité réflexe, hyperesthésie cutanée.

3^h,40. — T. 37°,6. Cœur tumultueux, battements incomptables, mouvements convulsifs généralisés.

3^h,55. — T. 37°,5.

4^h,5. — 264 pulsations, T. 37°,3, grandes secousses convulsives ; l'animal essaye de se relever.

4^h,10. — T. 37°.

4^h,15. — T. 37°,2.

4^h,20. — T. 37°,4. 222 pulsations. L'animal se relève seul, reste immobile ; pupilles égales, moins contractées.

4^h,30. — T. 37°.

5 heures. — T. 37°. L'animal se met en marche, puis court dans le laboratoire et se met à manger.

Si nous avions continué à injecter de l'huile créosotée, il est bien certain que nous aurions amené la mort de l'animal ; en effet, comme il était remis de cet accident, au bout d'une demi-heure nous le sacrifiâmes ; il nous fut possible de vérifier : 1° qu'une partie de l'huile injectée était encore au lieu d'injection ; 2° mais que très loin de ce point, et notamment dans le cœur droit, le sang contenait de très fines gouttelettes d'huile ; il y avait aussi de l'huile, à cet état de division extrême, dans les vaisseaux des deux poumons.

Nous avons tenu à rapporter ce fait pour montrer qu'il ne faudrait pas, en présence d'un cas analogue, parler d'intolérance ; et nous ajouterons qu'avec des précautions, ou pour mieux dire en suivant une technique bien déterminée aujourd'hui, et sur laquelle nous ne saurions nous étendre sans sortir de notre sujet, on évite facilement ces accidents d'embolie huileuse créosotée que Burlureaux a bien étudiés et dont il a décrit les phases et la prophylaxie dans leurs moindres détails (1).

---

(1) *Loc. cit.*, p. 329 et suiv.

CHAPITRE III

Des doses de créosote dans leur rapport avec l'intolérance.

Nous venons d'étudier l'intolérance créosotée d'une façon générale : c'est la *révolte de l'organisme contre le médicament*. Cette révolte peut se produire avec les doses les plus minimes — inversement elle peut ne pas exister avec les doses les plus invraisemblables.

Etudions ces deux ordres de phénomènes : nous avons vu un tuberculeux fébricitant qui ne tolérait pas 5 grammes d'huile créosotée au 1000ᵉ, en injection, c'est-à-dire chez lequel 5 milligrammes de créosote produisaient des effets appréciables (sueur, urine noire) ; que ces effets soient utiles ou défavorables au malade, là n'est pas la question : nous notons seulement que cette dose minime produisait des effets ; — chez un autre malade, cinq gouttes de créosote dans un lavement firent se manifester une intolérance si marquée (sueur, vertige, malaise considérable) qu'un second lavement ne fut pas donné.

La créosote ou le gaïacol employés en badigeonnages produisent aussi, dans des conditions que nous aurons à préciser plus tard, des phénomènes d'intolérance à des doses extrêmement minimes : un badigeonnage avec 10

gouttes de créosote peut dans certains cas amener une intolérance extrême, avec sueurs froides, malaise inexprimable,
chute momentanée de la température : nous avons vu
récemment une jeune femme phtisique véritablement em-
poisonnée par un badigeonnage avec 5 gouttes de créosote.

En tout cas, cette dose de 5 gouttes suffit quelquefois
à amener de petits phénomènes d'intolérance (légère chute
de la fièvre, léger refroidissement, léger malaise passager,
etc.). Que cette détente, cette chute momentanée de la fièvre soient à provoquer au point de vue thérapeutique...
nous n'avons pas à le rechercher ici : nous voulons seulement montrer que des doses presque infinitésimales de
créosote en badigeonnage peuvent produire des phénomènes particuliers n'indiquant rien autre chose, à notre avis,
qu'une révolte de l'organisme.

Nous pourrions multiplier les exemples d'intolérance
vis-à-vis de la créosote prise à très petite dose, et quel que
soit d'ailleurs le mode d'introduction du médicament dans
l'organisme ; cette accumulation de preuves serait d'autant
plus inutile que tous les praticiens qui ont manié la créosote
ont certainement observé de ces faits d'intolérance déjouant
leurs prévisions. Les uns ont dû passer outre sans y regar-
der de plus près et sans chercher pourquoi telle dose, qu'ils
emploient journellement sans accident, produit chez tels
malades des réactions parfois inquiétantes ; les autres ont
pris en horreur la créosote, qu'ils accusent d'être un produit
dangereux, infidèle : d'autres enfin, après avoir eu sous les
yeux quelques exemples d'intolérance, manient la créosote
avec une extrême réserve et s'en tiennent à des doses qui,

si elles ne font presque jamais de mal, sont également incapables de faire un bien appréciable.

Et c'est cette considération qui nous amène à dire un mot de la question des doses dans leurs rapports avec la tolérance.

Burlureaux a eu le mérite de montrer combien certains organismes tolèrent des doses extraordinaires. Il avait affaire, dans son service du Val-de-Grâce, à des détenus qui se faisaient un jeu d'absorber par la voie sous-cutanée ou en lavements des doses de plus en plus considérables d'huile créosotée ; c'était à qui en prendrait davantage. L'un d'eux reçut un jour, après un entraînement méthodique qu'il fallait plutôt refréner qu'on ne l'encourageait, la dose prodigieuse de 410 grammes d'huile au 15°, soit 27^{gr},33 de créosote. Nous ne savons pas que cette dose ait jamais été dépassée. D'autres malades absorbèrent 5 à 6 kilogrammes de cette huile en un mois.

Nous-même avons des observations de malades qui ont pris et parfaitement toléré des doses énormes : l'un 440 grammes de créosote en 13 mois, l'autre 570 grammes en 8 mois, un autre 400 grammes en 8 mois, un autre encore 200 grammes en un an (Obs. XV, XIII, XIV, XXVII.)

Il est impossible de dire, dans l'état actuel des recherches, ce qu'un homme valide peut absorber de créosote en un jour, en un mois, en un an, de dire en un mot où s'arrête la tolérance. Ainsi que nous l'avons dit, nous, personnellement, n'avons jamais pu atteindre l'intolérance. Si l'on emploie la voie sous-cutanée, on est arrêté, avant que ne survienne l'intolérance créosotée, par l'intolérance de la peau : on conçoit sans peine que l'on ne puisse injecter en un seul jour, sous la peau, une dose démesurée de véhicule, sans provoquer de la douleur, parfois de l'érythème, quelquefois de l'urticaire. D'autre part, si l'on multiplie les injections, il arrive un moment où la peau devient scléreuse, pachydermique, et refuse toute absorption. Si l'on veut employer des solutions plus concentrées, la peau ne les supporte pas ; Gimbert et Burlureaux ont montré que si l'on dépasse le titre de 1 p. 15, les solutions deviennent irritantes.

Si l'on cherche à voir quelles sont les limites de la tolérance pour le médicament injecté par la voie rectale, on est arrêté par la révolte de l'intestin qui rejette le lavement, soit à cause de son trop grand volume, soit à cause de son degré de concentration.

Citons cependant deux observations (Burlureaux) : un malade a pu supporter un lavement contenant 15 grammes de créosote, donné en une fois : un autre a pu absorber en un mois 125 grammes de créosote sans avoir d'intolérance ; il accusa à la fin de la brûlure rectale, mais ce n'est pas là l'intolérance que nous étudions (1).

Quant à la créosote administrée en badigeonnages, certains patients en supportent des doses extraordinaires sans que l'organisme se révolte : leur peau seule proteste, ils peuvent avoir de l'érythème, de la vésication, ils n'ont pas d'intolérance.

Un malade atteint de bronchite avec emphysème fut

-----

(1) Des doses aussi considérables d'un médicament caustique ne seraient pas acceptées par l'intestin si l'on n'avait pas le soin de les diluer dans une émulsion huileuse (huile, jaune d'œuf, lait).

badigeonné sur tout le dos, pendant 8 jours, avec une dose quotidienne de 200 gouttes de créosote, soit 5 grammes, sans éprouver la moindre intolérance : mais au huitième jour la peau protestait et l'observation dut prendre fin sans que l'on pût déterminer quelle est la dose maxima qu'il est possible d'appliquer sur la peau, en une fois, sans déterminer d'intolérance (Burlureaux).

Comme il n'y a guère que des sujets à peu près bien portants qui puissent tolérer des doses semblables, on a rarement l'occasion de pareilles recherches: aussi, pour résoudre le problème dans la mesure du possible, avons-nous eu recours à l'expérimentation :

15 *juin* 1896. — Un lapin, du poids de 1,920 grammes, supporta sans réaction des doses successives de 5, 7, 15, 25 grammes d'huile au 15e en injection ; les poids journaliers devenant 1,965, 1,990, 2,010, 2,090 grammes, la température restant à 39°,6 (normale de la saison).

Après une injection de 30 grammes, le poids tomba à 2,000 grammes, la température à 38°,5, l'urine fut un peu noire ; enfin, après une injection de 35 grammes, le poids tomba à 1,910 grammes, la température à 38°,2, l'urine fut très noire : il y avait intolérance manifeste, et la dose maxima tolérée put donc être fixée chez le lapin au voisinage de 30 grammes d'huile, soit 2 grammes de créosote.

Si l'on pouvait raisonnablement conclure du lapin à l'homme, on estimerait, d'après cette expérience, qu'un homme de 65 kilogrammes est capable de supporter en un jour la dose de créosote contenue dans 850 grammes d'huile au 1/15e, soit 50 grammes de créosote : cette estimation est certainement exagérée.

En résumé, on voit que la *dose maniable* de créosote varie énormément d'un sujet à un autre. Dans le langage courant, nous disons : « tel malade tolère, tel autre tolère « mal, tel autre ne tolère pas la créosote ». Ce que nous venons de dire dans ce chapitre explique cette formule abrégée.

Ces termes n'indiquent rien d'absolu : cependant, pour fixer les idées, et par une sorte de concession à la notion des doses classiques (notion vraiment dépourvue de tout caractère scientifique) nous pouvons dire qu'en moyenne les malades tolèrent 2 grammes de créosote, donnés soit en lavement, soit en injection sous-cutanée. Donc, tout malade qui ne tolère pas $1^{gr},50$ à 2 grammes de créosote sera classé parmi les intolérants : et nous verrons de quelle importance capitale est cette notion au point de vue du pronostic d'une maladie, quelle qu'elle soit, traitée par la créosote.

Abordons maintenant l'étude des causes de l'intolérance, et, procédant par élimination, voyons si l'intolérance tient à l'accumulation des doses, au mode d'administration du médicament, au sexe, à l'âge, à la lésion de tel ou tel émonctoire, à des idiosyncrasies ; si elle se rencontre plutôt dans tel groupe de maladies, ou si elle est le résultat d'un état morbide spécial : cherchons en un mot à préciser le déterminisme de l'intolérance.

CHAPITRE IV

**De l'influence de l'accumulation des doses
sur la production de l'intolérance.**

Il est, paraît-il, certains médicaments dont l'effet thérapeutique s'accumule, pour ainsi dire, de façon qu'après
avoir été bien tolérés pendant 4 ou 5 jours, ils provoquent,
au bout du sixième jour, une véritable intoxication, semblable à celle qu'ils auraient produite s'ils avaient été administrés en une seule fois, à dose massive. La digitale passe
pour être un de ces médicaments.

Cette question de thérapeutique générale mériterait
sans doute d'être revisée. Pour la digitale, d'excellents
esprits nient ce rôle de l'accumulation des doses, et donnent
de ces intoxications, par doses dites accumulées, une explication qui nous semble des plus conformes à la logique

Qu'un cholérique, par exemple, prenne pendant qua
rante-huit heures de l'opium à dose fractionnée, il pourra
très bien se faire qu'à la quarante-neuvième heure il ait une
intoxication aiguë par l'opium ; et ce fait s'explique facilement : il est dû à ce que, pendant les 48 premières heures,
il y avait un état d'inhibition tel, que le médicament n'était
pas absorbé, et qu'à la quarante-neuvième heure l'absorption s'est faite tout à coup.

Les empoisonnements par le mercure, à la suite d'injections de calomel à dose thérapeutique, peuvent s'expliquer d'une façon analogue, par absorption rapide d'une quantité de médicament pour laquelle on avait espéré une absorption lente et continue.

Pour la créosote il n'existe rien de semblable.

D'une part, le médicament est toujours absorbé rapidement, quelle que soit la voie d'introduction : même quand, injectée sous la peau, l'huile créosotée ne semble pas immédiatement absorbée, même quand il se fait des kystes susceptibles de s'indurer et de persister 7 à 8 jours, la créosote entre sans retard dans l'économie, et le kyste ne contient plus que de l'huile. (Nous avons eu l'occasion de constater ce pouvoir inégal d'absorption de la peau pour la créosote et pour l'huile, chez les lapins que nous injections : venait-on à en sacrifier un, on trouvait toujours sous la peau des poches huileuses vieilles de 3, 4, 8 jours et plus, et l'analyse chimique ne permettait d'y déceler que des traces de créosote ; quelquefois on notait une disparition totale de celle-ci.)

D'autre part, la clinique démontre que l'intoxication par accumulation des doses n'existe pas. Un malade pourra prendre pendant 15 jours, 3 semaines, 3 mois, etc.. des doses considérables de créosote, il ne sera pas plus impressionné à la 3ᵉ ou à la 20ᵉ prise qu'à la première. En d'autres termes, il n'y a pas saturation de l'économie par le médicament.

M. F..., officier (Val-de-Grâce, 1892), injecté par nous, reprend son service après 2 mois d'un traitement intensif, et continue pendant 3 ans à subir des injections créosotées

1 à 2 fois par semaine. Non seulement il n'a jamais eu d'intolérance au début, mais jamais non plus de phénomène d'intolérance par accumulation de doses, bien qu'il ait pris en 3 ans 15 kilogrammes d'huile créosotée au 15ᵉ en injections et 800 grammes de créosote en lavements.

Notons en passant que la créosote ne devient pas un besoin factice pour le malade, comme la morphine. Les patients cessent brusquement d'en faire usage, subissent quelques mois après une nouvelle cure, sans le moindre inconvénient, et si beaucoup viennent en réclamer à nouveau l'usage, c'est qu'elle leur est utile, ce n'est pas qu'elle leur manque.

On peut donc affirmer que les doses ne s'accumulent pas et que, sauf les réserves que nous ferons plus loin, un malade qui a toléré la créosote la tolérera ultérieurement : quand l'intolérance se produit, ce n'est pas, en général, au cours du traitement, c'est à son début.

Nous verrons comment il faudra interpréter ce fait que la clinique met constamment à même d'observer.

CHAPITRE V

Du mode d'administration de la créosote
dans ses rapports avec l'intolérance.

Disons tout d'abord que nous avons peu étudié les effets de la créosote introduite par la voie gastrique et par la voie trachéale, et ce, pour les raisons suivantes :

La voie gastrique nous semble ne jamais devoir être employée, parce que l'estomac ne supporte habituellement pas la créosote à dose vraiment thérapeutique : peut-être le médicament, donné à très petite dose, provoque-t-il parfois une sensation d'appétit, et c'est sans doute dans cet esprit que les homœopathes l'emploient.

Il est vrai que certains estomacs robustes supportent bien la créosote, mais ces cas sont exceptionnels, et supposent des sujets qui digèrent très bien, ont une somme de résistance considérable et, par conséquent, ainsi qu'on le verra ultérieurement, ne sont pas exposés à faire de l'intolérance.

Donc, dans une étude sur l'intolérance, ne peuvent pas trouver place des observations de malades qui prennent de la créosote par l'estomac : car il est infiniment probable que les malades capables de faire de l'intolérance pour le médicament introduit par la voie gastrique auraient, bien avant d'arriver à la dose que ne tolérerait pas l'organisme, une révolte de l'estomac qui arrêterait l'expérimentation. Cependant nous avons pu trouver (Burlureaux) un cas d'intolérance provoquée dans ces conditions : il s'agissait d'un malade arrivé au dernier degré de la cachexie et qui, sur le conseil d'une personne incompétente, avait pris un cachet contenant 25 centigrammes de créosote ; avec cette dose relativement faible, elle eut une véritable intolérance (refroidissement, vertige, dyspnée intense) et succomba le surlendemain, la créosote ayant sans doute hâté sa fin de quelques jours.

Nous n'insisterons pas davantage sur l'introduction par la voie trachéale ; elle constitue peut-être un moyen commode, expéditif, d'administrer la créosote : mais si nous n'avons pas pratiqué par nous-même cette méthode, nous avons fait assez d'injections trachéales d'huile mentholée chez des enfants atteints de croup pour en savoir toute la difficulté... et, pour dire toute notre pensée, il nous paraît que l'injection trachéale n'est souvent que l' « hypocrisie » de l'ingestion par voie gastrique, et que la plupart de ceux qui croient faire des injections trachéales ne font que des injections œsophagiennes.

Restent les voies rectale, cutanée et sous-cutanée.

A doses égales, la créosote administrée par voie rectale agit beaucoup moins puissamment que si elle est injectée sous la peau ; c'est ainsi que nous avons vu plusieurs malades tolérer 2, 3, 4 grammes de créosote en lavement, et ne pas tolérer la même dose en injection. Contre toute attente, le médicament introduit par voie cutanée provoque plus facilement l'intolérance qu'il ne le fait en lavement ou en injection sous-cutanée, et l'on ne saurait trop se méfier des badigeonnages créosotés chez les malades susceptibles d'avoir de l'intolérance : un malade qui supportait très bien 2 grammes de créosote en lavement, et 1^{gr},50 en injection, avait des sueurs profuses et un malaise considérable si on lui badigeonnait une épaule avec 20 gouttes de créosote, (0^{gr}50).

Il en est ainsi dans la généralité des cas : cependant le contraire s'observer aussi.

En compulsant toutes les observations tant connues qu'inédites, que nous avons pu réunir, sur l'administration de la créosote, il ne nous est jamais apparu que telle voie d'introduction ait donné lieu plus fréquemment que telle autre à de l'intolérance. De même que 10 gouttes en lavement, 5 gouttes en badigeonnages, peuvent ne pas être supportées ici, et que là on voit des malades absorber des lavements avec 150 gouttes et plus de créosote et d'autres se faire de véritables onctions de créosote sur le tronc, de même il est possible d'avoir de l'intolérance avec une injection de 0,005 de créosote et de n'en pas provoquer avec 25 grammes de ce médicament. Et de même qu'au cours de cette étude nous disions qu'il ne devrait y avoir ni dose classique ni dose moyenne, car il n'y a d'utile que la dose tolérée (et la dose maxima tolérée) de même nous dirons ici qu'il n'y a pas de voie préférable, absolument parlant, pour l'introduction du médicament : l'une est seulement plus commode que les autres, et ce qu'il faut chercher, c'est la voie d'introduction la plus favorable, la mieux acceptée par un organisme donné.

Au point de vue théorique, et laissant la conclusion thérapeutique de côté, disons donc que l'intolérance peut se produire quelle que soit la voie choisie pour l'introduction du médicament, et que rien n'indique d'avance avec quel mode d'administration on l'observera le moins : enfin, que l'intolérance revêt les mêmes caractères après administration rectale, gastrique, cutanée et sous-cutanée.

CHAPITRE VI

De la part de l'idiosyncrasie dans la production de l'intolérance.

Existe-t-il des sujets qui ne tolèrent pas la créosote en vertu d'une de ces idiosyncrasies avec lesquelles il faut toujours compter en thérapeutique?

Nous ne le pensons pas, et voici une observation qui démontre qu'il n'y a pas d'idiosyncrasie vis-à-vis de la créosote, et que l'intolérance, quand elle existe, est toujours en rapport avec des causes que l'on peut rendre manifestes.

Il s'agit d'un malade entré une première fois dans le service des détenus du Val-de-Grâce (1891); il était atteint de pleurésie avec fièvre ardente, et ne toléra ni 10 grammes ni 5 grammes d'huile créosotée au 15ᵉ ni même 5 grammes d'huile au 100ᵉ.

A ce moment, le Dʳ Burlureaux, qui ne connaissait pas encore toutes les lois de l'intolérance et ne s'était jamais heurté à une révolte de l'organisme pour des doses aussi minimes, disait à ses élèves qu'il fallait bien admettre chez ce malade une idiosyncrasie particulière, et il lui fit cesser l'usage de la créosote, même aux doses les plus faibles, persuadé que son organisme était inapte à supporter ce médicament.

Dix-huit mois après, ce même malade revenait dans le service, bien guéri de sa pleurésie initiale, sans fièvre, mais porteur d'une lésion en foyer : c'était un tuberculeux à forme torpide, et la créosote fut à nouveau essayée chez lui : il la supporta parfaitement, aux doses de 1, 2, 3, 6^{gr},66, correspondant à des injections de 15, 30, 45, 100 grammes d'huile au 15e.

Zawadzki (in *Centralbl. für innere med.*, Leipzig, 1894), ayant observé un cas d'intoxication créosotée suivi de mort, chez une femme de 42 ans qui n'avait pris que 18 gouttes de créosote par jour, dans du lait, pendant 3 ou 4 jours, dit bien qu' « étant donnée la dose à laquelle la « créosote avait été prise et qui n'avait rien d'exagéré, on « doit bien admettre que l'on se trouve en présence d'une « idiosyncrasie ».

Pour corroborer cette opinion, Zawadzki relève chez sa malade les signes suivants : pâleur des téguments, cyanose des lèvres, paralysies et analgésies multiples, collapsus ; évidemment nous sommes bien en présence d'un empoisonnement produit par une dose modeste de créosote, et l'autopsie révèle un état de congestion généralisée des organes : mais on ne nous parle pas de l'état des poumons, au sujet desquels on a seulement noté du vivant de la malade des « signes stéthoscopiques en rapport avec un lésion « tuberculeuse ». Sur l'état nécroscopique de ces poumons, sur l'état général du sujet antérieurement à l'administration de la créosote, rien. Or, nous n'avons jamais vu de malade relativement résistant être empoisonné par 18 gouttes de créosote, mais nous avons vu des sujets très atteints être profondément intoxiqués par 5 gouttes (0,12),

une malade (Ch. V.) mourir du fait de l'absorption de
o^{gr},25 de créosote (10 gouttes), et nous dirons plus loin
que ces faits s'expliquent sans qu'il faille invoquer quelque
idiosyncrasie.

Ch. Lamplough (in *Brit. Med. Journ.*, 28 mai 1898)
a traité par la créosote une série de cent phtisiques à l'Hôpital de la Cité à Londres, et est arrivé à leur faire absorber
des doses d'huile de foie de morue créosotée représentant
14 grammes de principe actif : il n'a jamais rencontré
d'idiosyncrasie ; il est vrai de dire que, plus avisé que d'autres, il a prudemment commencé chez tous ses malades par
une dose de 15 à 20 centigrammes. On ne peut donc pas
plus parler d'idiosyncrasie, parce qu'un sujet, qui était peut-
être arrivé au dernier degré de la phtisie, est mort après avoir
absorbé 4 ou 5 jours de suite 18 gouttes de créosote, qu'il
n'est scientifique de s'élever contre « l'insouciance avec
« laquelle on prescrit les hautes doses de la *vénéneuse créo-*
« *sote* » parce que, à l'exemple de Hesse (de Dresde,) quit-
tant le domaine de la réalité, on sera arrivé à tuer un chien
de 6^{kgr},500 avec une dose de 10 grammes de créosote !
(*Thérap, beilag. des Deutsch. Med. Wochenschr.*, 3 février
1898).

Dans tous les cas d'intoxication par des doses minimes
de créosote — et ceux-là seuls comptent pour étudier la
question qui nous occupe en ce moment — nous avons
toujours pu trouver une cause appréciable, sans avoir à
invoquer l'idiosyncrasie.

CHAPITRE VII

Est-ce la nature de la maladie qui règle l'intolérance.

Ayant surtout employé la créosote chez les tuberculeux, c'est chez eux que nous avons le plus souvent rencontré l'intolérance, mais elle peut exister chez des malades non tuberculeux.

Après avoir longtemps pensé, avec tant d'autres, que la créosote était un spécifique de la tuberculose, Burlureaux en a appelé de cette opinion première, et en 1894 il écrivait (1) : « la créosote est un profond modificateur de la « nutrition, qui agit en entravant la désassimilation : c'est « un agent dynamogénique, en un mot. »

De là à l'employer chez les non tuberculeux dont il fallait remonter les forces, soutenir la nutrition, il n'y avait qu'un pas : c'est dans cet esprit que nombre de neurasthéniques ont été traités par la créosote : or, chez plusieurs, l'intolérance a été aussi manifeste qu'elle l'est chez certains tuberculeux (Obs. I, II, III, XIX).

Une syphilitique, atteinte de pneumonie spécifique,

______

(1) *Loc. cit*, p. 355 et suiv.

d'abord considérée comme tuberculeuse et traitée comme telle par des injections créosotées, supportait 25 grammes d'huile au 15ᵉ, et avait de l'intolérance à la dose de 30 grammes (Burlureaux).

M. V..., 46 ans, atteint de gangrène pulmonaire, sans bacille de Koch dans les crachats, nous est confié en 1895 pour l'application du traitement créosoté par injections. Il guérit après 4 semaines d'injections quotidiennes, dont les doses ne purent jamais être portées à plus de 35 grammes d'huile au 15ᵉ sans provoquer, à un degré élevé, tous les symptômes connus de l'intolérance.

Nombreux sont les malades atteints d'affections de l'appareil respiratoire au cours de la première épidémie d'influenza en 1890, et qui, traités au Val-de-Grâce par les injections créosotées, présentèrent des phénomènes d'intolérance.

On voit bien, par cette énumération de cas différents, que ce n'est pas la *nature* de la maladie qui règle l'intolérance.

CHAPITRE VIII

Influence de l'âge, du sexe, sur la tolérance.

L'âge n'a pas, sur le degré de tolérance à l'égard de la créosote, l'influence qu'on pourrait croire ; tandis que l'opium et ses dérivés, que le mercure, doivent être employés à dose très minime chez les enfants, la dose de créosote tolérée ne nous paraît pas du tout proportionnelle à l'âge, et tel enfant pourra supporter une dose qui serait toxique pour un adulte. Nous n'avons qu'un petit nombre d'observations à l'appui de cette affirmation, mais elles sont suffisamment probantes :

M. T., fillette de 7 ans, supportait des doses de créosote que nous n'aurions jamais cru a priori pouvoir être tolérées. Cette enfant était atteinte d'adénites sous-maxillaires suppurées, et M. le P_r Lannelongue et le D_r Mauclaire qui la soignaient ayant consenti à ce que l'on essayât la créosote, avant d'en venir à une opération, l'enfant fut soumise par nous à un traitement intensif : en l'espace de 2 mois elle reçut par injections quotidiennes 1,250 grammes d'huile au 15ᵉ, soit une moyenne de 20 grammes par jour. On constata chez elle une augmentation de poids de 3 kilogrammes, un appétit insatiable, et aussi une excitation anormale du système nerveux, mais jamais un symptôme d'intolérance. A la vérité, l'état local ne tira presque aucun bénéfice de cette cure, et l'opération ne put être évitée. Ce qui est donc intéressant ici, c'est moins le résultat définitif du traitement que la tolérance remarquable d'une enfant de 7 ans à l'égard de la créosote.

On trouve dans l'ouvrage de Burlureaux l'histoire d'un enfant de 2 ans, atteint de coqueluche, et ayant très bien toléré des lavements de 40 gouttes ; le médicament a eu dans ce cas une efficacité remarquable.

Le frère de cet enfant, âgé de 4 ans, atteint de pneumonie dans le cours d'une coqueluche, et soigné par MM. Burlureaux et Boulloche, a également supporté des doses considérables, jusqu'à 3 grammes en lavement, et en a tiré le plus grand profit. Cette tolérance de l'enfant est utile à connaître, et nous pensons qu'elle mériterait d'être mise à profit dans le traitement de la coqueluche par la créosote. (Voir aussi Obs, XXXVII). Nous venons de l'utiliser récemment chez un enfant de 4 ans, qui a guéri d'un reliquat de coqueluche datant de 4 mois et rebelle à tout traitement, après avoir pris pendant 3 semaines des lavements de créosote, dose maxima tolérée 38 gouttes (novembre 1898).

Ch. Lamplough (*loc. cit.*) a fait prendre à deux enfants de 5 ans, à un enfant de 2 ans, $1^{gr},75$ (30 minim.) par jour de créosote sans intolérance.

Nous n'avons pas d'observation personnelle sur la tolérance du vieillard pour la créosote ; le seul cas que nous connaissions est celui d'un homme de 75 ans, tuberculeux depuis une dizaine d'années, et que soignaient MM. Moissenet, Vidal, Robin et Burlureaux : chez lui la dose minime de 5 grammes d'huile au 15e provoquait une intolérance qui contre-indiquait la continuation du traitement : mais sans aucun doute l'âge du malade n'avait pas d'importance, et un adulte atteint de la même façon, c'est-à-dire arrivé au dernier degré de la cachexie, aurait eu tout aussi bien de l'intolérance.

Le Dr Schoull, de Tunis, a publié dans le *Journal des Praticiens* (1897) un article sur l'efficacité de la créosote dans les broncho-pneumonies, duquel nous extrayons les lignes suivantes à l'appui de notre assertion : « J'ai em-« ployé la médication créosotée chez des enfants de 2 mois, « sans inconvénient, et j'ai dans mes observations le cas « d'une dame de 91 ans, qui en novembre 1894 fut atteinte « de pneumonie grippale et guérit par les lavements créo-« sotés : Mme C. porte aujourd'hui vigoureusement ses « 93 ans ». Plus loin, nous trouvons l'observation sui-vante : « L'abbé Q., âgé de 72 ans, est atteint, le 6 avril « 1894, de broncho-pneumonie généralisée : symptômes « cliniques très nets, état général grave. Je conseille les « lavements créosotés à haute dose (40 gouttes chaque « jour en lavement) ; au bout de quelques jours de traite-« ment les phénomènes pulmonaires sont déjà amendés, « etc... » . . . .
« Si étonnante que puisse paraître la statistique que je vais « énoncer, elle est rigoureusement exacte : depuis le com-« mencement de 1894, j'ai soigné 67 enfants et adolescents « pour broncho-pneumonies ; 64 ont été soignés par les « lavements créosotés, 62 guérisons, 2 décès ; dans 3 cas « les lavements n'ont pas été donnés, 1 guérison, 2 décès,

« Vieillards :

« 1° Hommes, 18 broncho-pneumonies, 17 traités par
« la créosote, 17 guérisons, 1 diabétique traité sans créo-
« sote, 1 décès.

« 2° Femmes, 24 broncho-pneumonies traitées par
« lavements créosotés ; 3 décès, chez 3 cardiaques ayant
« succombé par suite de cette affection... »

Dans cet intéressant travail, il n'est jamais question d'intolérance, et ses symptômes n'auraient pu échapper à un ob-
servateur connaissant comme le Dr Schoull tous les effets
de la créosote ; sa conclusion est que l'âge n'a pas d'importance au point de vue de la tolérance, puisqu'il traite aussi
bien les enfants et les vieillards que les adultes, par des
doses de créosote qu'il considère comme de hautes doses.

Le sexe, toutes autres conditions restant égales, ne
parait non plus avoir aucune importance : il est des femmes
qui supportent des doses considérables, et il suffit de se
reporter à la précédente statistique du Dr Schoull pour en
être convaincu : voici d'autres exemples :

Mme P..., a déjà pris depuis trois ans 9 kilogrammes
d'huile créosotée au 15°, en injections, et 1,300 grammes
de créosote pure en lavements, et grâce à cette médication
jamais suivie d'intolérance, son état se maintient satisfai-
sant.

Mme J..., confiée à nos soins depuis un an, a pris avec
avantage 5 kilogrammes d'huile créosotée, sans aucune
intolérance (voir aussi les Obs. IV, XXXII, XXXIV,
XXXVIII).

Mais la peau de la femme se prête en général moins
bien que celle de l'homme à l'introduction huileuse : il est

des femmes qui ne supportent pas la moindre piqûre sans avoir immédiatement de l'érythème, de la douleur, secondairement de la fièvre ; mais c'est là de l'intolérance cutanée : Mme D... qui ne supportait pas une injection de 2 grammes d'huile au 15e, tolérait un badigeonnage fait chaque soir sur le ventre avec 50 gouttes de créosote : son tissu cellulaire sous-cutané ne se serait sans doute pas mieux prêté à l'absorption d'une huile non médicamenteuse ou de sérum artificiel : ce n'est donc pas là de l'intolérance à l'égard de la créosote, c'est de l'intolérance des tissus.

D'ailleurs, cette intolérance des tissus n'est pas sans présenter quelque rapport avec l'intolérance créosotée ; celle-ci est alors deutéropathique : c'est ce que nous expliquerons au chapitre des intolérances accidentelles provoquées par un traumatisme quelconque.

En résumé, ni l'âge ni le sexe ne sont des causes de la non-tolérance de l'organisme pour la créosote.

CHAPITRE IX

Influence de lésions des organes excréteurs
sur la production de l'intolérance.

On pourrait croire a priori que quand les émonctoires
sont lésés, la tolérance pour la créosote se trouve dimi-
nuée proportionnellement à l'importance de l'organe atteint. Cela est peut-être vrai dans une certaine mesure, mais
l'action de la créosote n'est pas comparable à celle du sali-
cylate de soude par exemple, dont l'effet toxique se manifeste avec des doses moyennes quand les reins sont altérés.
En d'autres termes la lésion de tel ou tel organe n'a pas
d'influence *directe* sur la tolérance ; une lésion étendue du
poumon chez un tuberculeux non fébricitant, chez un
homme porteur de cavernes bronchectasiques, peut être
compatible avec l'introduction de doses considérables de
créosote. Citons à titre d'exemple un malade porteur d'une
volumineuse caverne au sommet gauche, et qui supporte
depuis un an 3 injections par semaine, de 60 grammes en
moyenne, et des lavements de 200 gouttes, sans aucune
intolérance ; quelle preuve plus convaincante, que la lésion
même profonde d'un émonctoire important n'est pas une
cause d'intolérance.

De même les lésions du foie ne sont pas une cause suf-

fisante pour amener l'intolérance ; il est certain qu'un tuberculeux qui a le foie malade, et cela est assez fréquent, ne
tolère pas de très fortes doses de créosote ; mais ce n'est
pas parce qu'il a le foie malade. En effet, nous avons
observé au Val-de-Grâce deux sujets qui, atteints de lésions
tuberculeuses peu importantes, avaient en même temps
une hypertrophie du foie et de la rate en rapport avec l'infection paludique qu'ils avaient contractée aux colonies :
chez tous deux, la créosote était supportée à haute dose
(Obs. V et VI).

Mais c'est surtout chez les malades porteurs de lésions
rénales que nous avons pu étudier la non influence de lésions des émonctoires sur la tolérance.

M. B..., atteint depuis dix ans de tuberculose pulmonaire, et chez lequel le Dr Rigal avait observé en outre de
la tuberculose vésicale et rénale, avait depuis quatre ans de
l'albuminurie quand MM. Rigal et Burlureaux nous le con-
fièrent pour lui faire des injections créosotées, malgré le
mauvais état des reins. Le malade supporta très bien ce
traitement, et sans la moindre intolérance il prit tous les
deux jours pendant plusieurs semaines des injections à la
dose maxima de 5o grammes.

Dans son « Traitement de la tuberculose par la créosote » (1), Burlureaux relate une observation des plus
démonstratives :

Un tuberculeux au 1er degré entre au Val-de-Grâce en
juillet 1893 : sans attendre les résultats de l'analyse d'urine,

------

(1) P. 72 et suiv.

on commence les injections d'huile créosotée au 15°, et comme la tolérance est parfaite, on force tout de suite les doses. Le résultat de l'analyse d'urine ne parvint dans le service que quand le malade avait déjà pris et toléré des injections de 10, 20, 30 et 40 grammes d'huile au 15ᵉ; or l'urine contenait 3^{gr},25 d'albumine par litre. M. Burlureaux regretta de s'être départi de sa ligne de conduite habituelle, c'est-à-dire d'avoir fait commencer le traitement créosoté sans avoir l'analyse d'urine, et on suspendit le médicament jusqu'à ce qu'on eût une seconde analyse, aussitôt demandée : elle n'indiqua plus que 1^{gr},10 d'albumine par litre. Le traitement fut alors repris avec une injection de 50 grammes, puis de 60 grammes, et une troisième analyse, faite après cette injection de 60 grammes, ne révélait plus que des traces d'albumine. Le traitement fut continué avec la progression habituelle, et 21 jours après la première analyse, une quatrième apprenait qu'il n'y avait même plus trace d'albumine. Donc, non seulement la lésion des reins ne s'opposait pas à la tolérance de la créosote, mais encore elle s'amendait sous l'influence du médicament.

M. le Dʳ Hénocque, étudiant en 1892 l'action de la créosote sur le sang, examina à plusieurs reprises un malade du Val-de-Grâce atteint d'une lésion très limitée d'un sommet, mais albuminurique sous l'influence probable d'une néphrite tuberculeuse : ce malade tolérait très bien la créosote, l'albuminurie diminuait, et les examens répétés du sang dénotaient une amélioration de l'état général.

En 1893, MM. Burlureaux et Legueu faisaient dans le service de M. le Pʳ Guyon des injections créosotées à haute dose à deux malades atteints de néphrite tuberculeuse ; ils n'observèrent pas d'intolérance, mais une amélioration notable.

Nous savons que M. le Dr Campenon emploie constamment et avec une innocuité parfaite la créosote dans les cas de tuberculose uro-génitale.

Dans sa série de 100 phtisiques, Lamplough a rencontré plusieurs albuminuriques : il a constaté la disparition de l'albumine chez tous ces malades, et la parfaite innocuité de la créosote sur les voies urinaires.

D'ailleurs, l'albuminurie est si fréquente chez les tuberculeux, que l'on devrait renoncer deux fois sur trois à donner de la créosote à ces malades, si la lésion rénale avait, au point de vue de la tolérance pour la créosote, l'importance que l'on serait tenté de lui attribuer a priori.

Ainsi, nous voyons que, ni l'étendue des pertes de substances pulmonaires, ni la gravité des lésions hépatiques, spléniques, rénales, ne paraissent avoir d'influence *propre* sur la production de l'intolérance.

CHAPITRE X

Influence de divers symptômes : anorexie, dyspepsie, fièvre, sur la production de l'intolérance.

Tout le monde a remarqué que les tuberculeux qui digèrent mal supportent mal la créosote, même donnée autrement que par la voie gastrique, et nous avons présent à l'esprit l'exemple d'une grande hystéro-neurasthénique qui, atteinte de dyspepsie avec vomissements et anorexie depuis de longues années, ne tolérait sous aucune forme des doses minimes de créosote. Mais est-ce bien parce que ces malades sont dyspeptiques qu'ils ne tolèrent pas la créosote ? Non, car nous avons vu d'autres dyspeptiques la supporter, mais ce sont alors des malades qui ne sont pas encore arrivés à la cachexie.

Nous avons observé au Val-de-Grâce un malade atteint d'ulcère rond qui, sans que le moindre aliment ait été introduit dans l'estomac, a été nourri pendant un mois avec des lavements de peptone et des injections d'huile simple d'abord, d'huile créosotée ensuite : grâce à ce repos de l'organe, l'ulcère a guéri et la créosote n'a jamais provoqué d'intolérance, pas même de la gastralgie. Pourquoi donc celui-là tolérait-il la créosote, alors que bien des dyspeptiques ne la tolèrent pas ? C'est que l'ulcère lui était survenu dans le cours d'une belle santé, c'est qu'il était en réalité plutôt un *blessé* qu'un malade, et qu'il avait une somme de résistance, un *capital biologique* presque intact.

Mais prenons ce tuberculeux anorexique qui ne tolère pas la créosote tout d'abord. Si, par une prudente manœuvre, on vient à vaincre cette intolérance initiale et que, grâce à de très petites doses de créosote, on voie l'appétit reparaître et la dyspepsie diminuer, du même coup s'élèvera la dose de créosote tolérée : la dyspepsie n'était pas la vraie cause de l'intolérance ; l'une et l'autre étaient seulement comme les témoins d'un même état de déchéance du système nerveux central.

Ce que nous venons de dire du symptôme dyspepsie s'applique de tous points au symptôme fièvre. Nul doute que la créosote ne soit difficile à manier chez les fébricitants, que l'abus ne soit voisin de l'usage, et que la fièvre ne soit une contre-indication aux fortes doses : mais là encore ce n'est pas *parce que* le malade a la fièvre qu'il est intolérant ; la fièvre et l'intolérance ne sont que deux témoins simultanés d'un même état de dépréciation, de moindre résistance du système nerveux : que la fièvre vienne à diminuer, avec elle diminuera l'intolérance ; que la fièvre disparaisse, l'intoléance cessera, parce que la disparition de la fièvre indique un état général meilleur, donc une aptitude plus grande à tolérer la créosote : et comme un des meilleurs moyens de faire tomber la fièvre tuberculeuse est de donner de très petites doses de créosote, on arrive à cette affirmation qui n'a que l'apparence d'un paradoxe, que *la meilleure manière de vaincre l'intolérance chez un fébricitant est de lui donner de la créosote à la dose maxima qu'il peut tolérer* (Voir Obs. VII, VIII, IX, X, XI, XII).

Et ce n'est point abandonner le côté doctrinal de la question, le seul qui nous occupe, que de rechercher si cette intolérance peut être vaincue. Puisque nous verrons plus loin pourquoi l'intolérance, à des doses minimes, comporte un fâcheux pronostic, il est du devoir du médecin de tout tenter pour établir la tolérance, si petite soit la dose donnée, et de ne point renoncer, après un essai infructueux, à faire bénéficier son malade du traitement créosoté.

Nous possédons plusieurs observations où l'on voit des malades qui avaient, au début, une intolérance manifeste pour de très petites doses, arriver à en supporter de très fortes dans la suite (Voir Obs. IX, X, XI, XII, XIII).

Dire qu'il est facile d'obtenir ces résultats serait aller contre la vérité, mais on y parvient parfois, de la façon suivante : on baisse progressivement la dose non tolérée jusqu'à ce que, de symptômes graves en symptômes d'une intolérance plus atténuée, on arrive à une dose tolérée : puis on maintient quelques jours cette dose maxima tolérée, qui peut être extrêmement minime, et comme sous l'influence de cette très petite dose tolérée l'état général s'améliore le plus souvent, on s'enhardit à donner des doses progressivement plus fortes, et si l'on a mis à accomplir cette délicate manœuvre toute la prudence nécessaire, on a souvent la satisfaction de voir s'établir une tolérance parfaite pour de fortes doses. Un de nos malades (Obs. XIII) qui ne tolérait pas une injection de 5 grammes d'huile au 15°, mis au repos, à l'air, avec des lavements quotidiens de 5 gouttes de créosote, vit sa tolérance s'établir si bien qu'ensuite il supportait des injections de 90 grammes d'huile au 15ᵉ et des lavements de 180 gouttes.

Certes, il est des cas où, avec la plus parfaite prudence, on ne parvient pas à vaincre l'intolérance : c'est quand la maladie a une avance trop considérable ou une évolution trop rapide. Dans une granulie généralisée, on aura beau baisser les doses, on n'arrivera *presque* jamais assez vite à rencontrer la dose tolérée, le malade aura succombé avant. Mais prenons un autre granulique qui n'aura pas toléré 10 centigrammes de créosote à une première intervention, 5 à une seconde, 2 à une troisième, et chez lequel de guerre lasse on aura suspendu la créosote : supposons qu'il survienne, comme cela arrive, une rémission imprévue, de cause ignorée dans la marche de la lésion, et que dès l'apparition de cette trêve on reprenne la créosote, on arrivera parfois à faire tolérer 2, puis 5, puis 10 centigrammes et au delà, et l'on aidera ainsi puissamment le malade à faire les frais de sa maladie.

Notons encore que Lamplough (*loc. cit.*) a observé, à la suite de l'administration de larges doses (mais progressivement élevées), la cessation de l'anorexie et de la dyspepsie, la chute de la température ou son maintien à la normale, et la disparition d'hémoptysies rebelles.

Nous pouvons donc résumer ce chapitre en disant que ce n'est ni l'anorexie, ni la dyspepsie, ni la fièvre, que ce n'est aucun de ces symptômes qui détermine *à lui seul* la production de l'intolérance.

CHAPITRE XI

La cause de l'intolérance est dans la déchéance
de l'organisme.

Jusqu'ici nons n'avons étudié que les influences pour
ainsi dire négatives : nous avons vu que ce n'était ni
l'âge, ni le sexe, ni les idiosyncrasies, ni la nature de la maladie, ni la lésion de tel ou tel organe, ni l'existence de tel
ou tel symptôme, qui occasionnaient l'intolérance : mais
chemin faisant nous avons glané quelques documents qui
vont nous servir à préciser les influences positives susceptibles d'amener l'intolérance.

On remarquera qu'à propos de tous les malades qui
supportaient de fortes doses de créosote, et dont les observations se trouvent au cours ou à la fin de ce travail, nous
avons insisté sur l'excellence de l'état général; celui qui fit
de lui-même une sorte d'expérience thérapeutique en prenant en un seul jour, avec une tolérance parfaite, 410 grammes d'huile au 15e, soit 27^{gr},33 de créosote, était un
homme presque bien portant, guéri depuis quinze jours
d'une bronchite simple : il offrait en d'autres termes un
terrain résistant. M. F.... (page 42) qui a pris en 3 ans
15 kilogrammes d'huile créosotée, était bien un tuberculeux, avec bacilles dans les crachats, et portait une énorme

caverne aujourd'hui sclérosée ; mais sa tuberculose, à forme torpide, retentissait si peu sur l'état général, qu'il pouvait tout en se soignant faire un service actif et monter chaque jour à cheval : là encore, terrain résistant. Il en est de même des malades dont les observations sont citées sous les numéros IV, XIV, XV, XVI, XVII, XVIII, XXVII, XXX, XXXI, XXXII.

Sans multiplier outre mesure ces exemples, nous pouvons déjà établir cette proposition : *la créosote n'est bien tolérée à forte dose que par des sujets offrant ce que, faute de mieux, nous appellerons une bonne résistance vitale.* Nous avons aussi cité une fillette de 7 ans qui supportait des doses considérables de créosote : pourquoi cette bonne tolérance? parce que ce n'était pas une *malade* dans le sens vrai du mot : elle n'avait que de la tuberculose ganglionnaire, mais cette affection, bien localisée, n'avait en rien diminué sa résistance vitale.

Inversement, tous les malades que nous avons cités comme ayant eu de l'intolérance étaient dans un état plus ou moins profond de *déchéance organique*, les uns par le fait d'une tuberculose avancée, les autres par le fait d'un état profondément infectieux, d'autres en raison d'une neurasthénie ancienne compromettant l'intégrité de leurs organes et frappant toutes leurs fonctions d'une véritable inhibition.

Ainsi, d'une part tolérance bonne, très bonne ou parfaite correspondant à un état général bon ou très bon ; d'autre part intolérance très grande ou absolue correspondant à un état général médiocre ou mauvais, voilà ce que a clinique nous montre de la façon la plus certaine. Que conclure de ces faits, sinon que c'est en grande partie la valeur de l'état général qui règle la tolérance, et que c'est la médiore résistance du sujet, la faiblesse de son coefficient biologique qui est le principal facteur de l'intolérance.

CHAPITRE XII

Valeur pronostique de l'intolérance.

Les éléments divers recueillis au cours de cette étude
nous ont permis d'acquérir cette notion, que la tolérance à
l'égard de la créosote dépend à la fois de la dose donnée et
de tout un faisceau de conditions qui peuvent se ramener
à une seule : la *valeur biologique* du sujet.

Dose forte et valeur biologique minime : intolérance
absolue; c'est ce qu'on observerait chez un sujet très malade auquel on donnerait en un jour 2 grammes de créosote par exemple. Dose forte et valeur biologique élevée :
tolérance parfaite; ce serait le cas d'un sujet sain auquel on
donnerait 5, 10, 20, $27^{gr},33$ de créosote, peut-être d'a-
vantage : la tolérance serait certaine.

Entre ces deux extrêmes se meuvent tous les intermé-
diaires possibles.

En mécanique, nous voyons deux forces composantes
engendrer un nombre infini de résultantes, suivant l'intensité de chacune de ces forces, et suivant l'angle sous lequel
elles se rencontrent. Si nous appliquons cette notion à
l'étude que nous poursuivons, nous appellerons tolérance
la résultante de deux forces dont l'une est la dose de créosote, l'autre la valeur biologique du sujet.

Or, en géométrie, quand on connaît la valeur de chacune des forces et leur angle d'incidence, rien n'est plus facile que d'établir la valeur de la résultante. En thérapeutique la valeur de la résultante, autrement dit de la tolérance, ne peut être calculée mathématiquement pour la raison que l'on ne connaît pas ce qui représente l'angle d'incidence des deux composantes (milieu, état moral, hérédité, etc., etc...) et qu'on ne connaît que l'une des composantes, la dose ; l'autre composante, la valeur biologique, nous la devinons, l'habitude du malade nous apprendra à l'apprécier *grosso modo* ; mais elle est constituée par tant de facteurs, qu'elle échappe à toute détermination précise ; aussi devons-nous avouer que jamais nous ne savons exactement à l'avance quelle sera la résultante, ou, pour revenir au langage médical, quelle sera la tolérance du malade à l'égard de la créosote : pour la trouver il faut procéder par tâtonnements, commençant par des doses minimes, également prêt à augmenter rapidement si la tolérance est bonne et à diminuer si elle est médiocre.

En commençant tout traitement par une injection de 2 à 3 grammes d'huile au 15ᵉ, ou par un lavement de 10 gouttes, ou par un badigeonnage de 5 gouttes de créosote, on n'aura généralement pas le regret d'avoir provoqué chez son patient de graves désordres ; dans les cas exceptionnels où le malade présente une résistance très minime, s'il est ou très épuisé ou très fébricitant, ou les deux ensemble, on doit encore commencer par des doses moindres. Mais la dose de 0ᵍʳ20 de créosote peut être chez la plupart des malades essayée comme pierre de touche ; en tous cas, nous ne nous sentirions jamais le droit de dépasser

cette dose au début d'un traitement, et nous ne pouvons
que déclarer les formulaires courants des guides dangereux,
quand ils conseillent de donner la créosote aux doses de
2 à 4 grammes par jour.

Répétons-le bien haut, avec 2 grammes de créosote on
peut faire le plus grand mal au malade ; avec 4 grammes
on risque de ne lui donner qu'une dose sinon insignifiante,
du moins insuffisante, puisqu'il aurait pu en supporter une
plus élevée, et que « l'idéal à atteindre en tous les cas est de
« donner la dose maxima tolérée, qui produit le maxi-
« mum d'effet utile » (Burlureaux).

Reprenons un instant la comparaison géométrique de
tout à l'heure : nous venons d'expliquer pourquoi il est

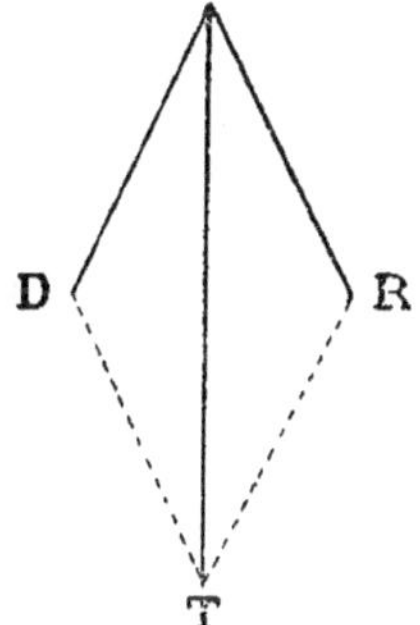

difficile de dire a priori quelle sera la dose maxima tolérée
D, et qu'il faut de toute nécessité la chercher par tâtonnements : c'est qu'en effet on ne connaît pas a priori,
c'est-à-dire au début du traitement, la force de la composante R, valeur biologique du sujet. Supposons maintenant que par tâtonnement on soit arrivé à préciser T,
degré de la tolérance, c'est-à-dire la valeur de la résultante :

connaisant D et T, il est facile d'en déduire la valeur de R,
l'autre composante.

Si nous traduisons en termes médicaux ce langage géométrique, nous dirons que le degré de tolérance à l'égard de la créosote indique très approximativement le degré de résistance de l'organisme; en d'autres termes, la créosote est un *réactif* de la valeur biologique du sujet, et *tant vaut la tolérance, tant vaut le malade*.

Nous pouvons dès maintenant formuler les conclusions suivantes :

1° Tout malade qui ne tolère pas la créosote à petite dose est *presque* irrémédiablement perdu (1) — même si sa maladie est de date récente, encore mal dessinée, sans symptômes inquiétants. Chez certains tuberculeux, la maladie revêt d'abord un aspect bénin, il n'y a que des signes stéthoscopiques difficiles à apprécier, peu ou pas de fièvre, mais une *teinte anémique*, ou mieux, *terreuse*, très spéciale. Si l'on vient à soumettre ces malades à la médication créosotée, on est étonné de leur peu de résistance ; la vérité est que ces formes cliniques, sur lesquelles notre Maître a déjà attiré l'attention, sont des plus redoutables. Dans ces cas, l'intolérance créosotée est un élément de pronostic d'autant plus précieux que les autres font encore à peu près défaut (Obs. XX).

2° Tout malade qui tolère bien la créosote, eût-il les apparences les plus défavorables, eût-il des lésions avan

---

(1) Voir Obs. XXIII *bis*,

cées, a des chances sérieuses d'amélioration, surtout si sa tolérance va crescendo (Obs. IX à XIII, Obs. XXXVIII).

3° Si au contraire après avoir supporté de fortes doses un malade vient à avoir de l'intolérance *progressive* (et non passagère), le pronostic s'assombrit, quand bien même ce malade conserverait un appétit suffisant, n'aurait pas de fièvre, ne perdrait pas de son poids. On peut être convaincu alors que la maladie fait sourdement son œuvre et que ses ravages encore cachés ne vont pas tarder à se manifester : dans ces cas, la créosote n'aura servi que peu ou pas, mais sa valeur pronostique ne s'est pas démentie (Obs. XXII, XXIII, XXIV).

CHAPITRE XIII

Du mode d'action de la créosote.

Cette constatation de la valeur pronostique de la créosote soulève une dernière question : comment agit ce médicament ?

Nous avons dit que Burlureaux considérait la créosote non comme un spécifique de la tuberculose, mais comme un dynamogénique ; à l'appui de cette manière de voir, nous avons montré les résultats favorables obtenus par la médication créosotée non seulement dans les affections tuberculeuses, mais encore dans les affections non tuberculeuses des organes respiratoires, et dans des affections qui ne sont que sous la dépendance du système nerveux.

D'autre part nous avons vu la créosote être dans certains états, même à très petite dose, un véritable poison pour l'organisme.

Si nous comparons les effets de la créosote, quand elle n'est pas tolérée (sueurs, frisson, hypothermie suivie d'hyperthermie, nausée, vertige, malaise général), à ceux des médicaments de la pharmacie minérale et végétale, nous n'en voyons pas un qui, en ses phénomènes d'intolérance, revête cette symptomatologie spéciale (à l'exception de l'acide phénique qui, trop voisin de la créosote pour lui être comparé, a avec elle un symptôme commun d'intolérance, la coloration noire des urines).

Pour trouver l'analogue de ce que nous observons dans l'intolérance créosotée, c'est du côté de la matière médicale microbienne qu'il faut porter nos regards, et plus spécialement du côté de la toxinothérapie (1), ce procédé thérapeutique qui consiste à chercher la guérison de lésions tuberculeuses, non par l'action d'un sérum antitoxique capable d'agir soit sur la vitalité du bacille en l'atténuant et en s'opposant à la production et à la diffusion de ses toxines, soit sur ses toxines elles-mêmes en les neutralisant, mais qui consiste seulement, à l'aide de quantités de toxines trop faibles pour nuire, à exalter la phagocytose et les moyens de défense de l'organisme, à provoquer une condition cellulaire et humorale telle que la survie des agents microbiens soit incompatible avec elle.

Dans cet ordre d'idées, deux séries de faits attirent notre attention : d'abord les essais de Koch avec sa nouvelle tuberculine TR : mais les différents auteurs qui en ont parlé récemment s'accordent trop peu sur les symptômes réactionnels consécutifs à son usage, pour que nous veuillons tirer de l'étude de ces réactions une conclusion quelconque ; — ensuite et surtout les récents essais de traitement du lupus par les injections de cultures microbiennes stérilisées, par MM. Hallopeau et Roger (2).

---

(1) Voir sur cette question : LANDOUZY, Congrès de la tuberculose, 1898, et *Presse médicale*, 30 juillet 1898.
(2) *Presse médicale*, 8 avril 1896.

Dans cette tentative toxinothérapique dont ils ont obtenu des résultats encourageants, ces deux auteurs, inspirés par cette remarque ancienne qu'un érysipèle intercurrent a pu guérir diverses affections cutanées plus ou moins rebelles, injectaient à des lupiques un mélange de cultures de streptocoque et de bacillus prodigiosus, cultures stérilisées et non filtrées, c'est-à-dire contenant les toxines modifiées par la chaleur et les cadavres microbiens.

Indépendamment de réactions locales variables, ces injections produisaient chez la plupart des malades, et très vivement chez quelques-uns, des réactions générales que l'on peut résumer ainsi : en moyenne trois heures après l'injection, violents frissons, sueurs profuses, refroidissement des extrémités, faiblesse et rapidité du pouls, nausées, quelquefois vomissements et diarrhée ; en dernier lieu, hyperthermie atteignant 39° à 39°,5. Le lendemain, les malades qui avaient présenté ces réactions violentes accusaient un malaise général, accompagné de faiblesse et de courbature.

MM. Hallopeau et Roger notent, et nous retenons le fait, que contrairement à l'opinion de divers bactériologues, il se produit une *accoutumance* aux toxines, telle que l'on peut doubler la dose qui avait d'abord agi si violemment, sans provoquer de réaction appréciable. Enfin, ces auteurs ajoutent que « les meilleurs effets ont été obtenus « chez des sujets jeunes, *dont la réaction vitale est énergi-* « *que et plus facile à réveiller* ».

Ces expériences nous semblent confirmer une hypothèse que nous formions avec plus d'assurance à mesure que nous connaissions mieux la créosote, à savoir qu'elle est vraiment capable de modifier l'organisme tuberculeux dans le sens le plus favorable à la défense ; et l'on reconnaîtra avec nous qu'un médicament qui peut provoquer dans l'organisme des réactions (à la modification d'ailleurs inconstante des urines près) calquées sur celles que provoque l'injection de toxines microbiennes ; qu'un médicament qui, à l'exemple de ces mêmes toxines, voit dans certains cas ses réactions s'atténuer et sa tolérance s'élever parallèlement aux doses, et son action être d'autant plus efficace qu'il est administré à un organisme plus résistant ; on reconnaîtra, disons-nous, que la créosote est quelque chose de mieux, en tout cas quelque chose d'autre que le « meilleur des balsamiques » seule étiquette qui lui resterait s'il n'était permis de faire courtoisement appel des dernières conclusions de l'une de nos sociétés savantes (1).

Mais où la comparaison s'impose davantage encore à l'esprit entre la médication créosotée et la toxinothérapie, c'est par l'étude des faits suivants récemment communiqués à l'Académie des Sciences par M. Arloing.

On sait que le professeur de Lyon, ayant obtenu des cultures homogènes de bacilles de Koch dans lesquelles les microbes étaient isolés et mobiles, a vu se produire l'agglutination des bacilles en additionnant les cultures qui les contiennent de 1/10 de sérum de chèvres tuberculinées ou tuberculosées.

Et, fait pour nous plus intéressant encore, cette séro-

____

(1) *Société méd. des hôp.*, séance du 12 février 1896.

réaction ne s'est pas montrée spéciale à l'imprégnation tuberculeuse ou tuberculineuse de l'organisme, puisque M. Arloing a pu, dans des cultures semblables, obtenir le même résultat par l'addition de sérum de chèvres qui avaient reçu des injections de liqueur de Mialhe, ou des injections d'huile créosotée, eucalyptolée ou gaïacolée, la créosote, le gaïacol et l'eucalyptol s'étant montrés d'ailleurs incapables de produire *in vitro* l'agglutination.

Voici comment le professeur de l'Ecole vétérinaire de Lyon relate (1) ses expériences :

...« J'ai montré, dit-il, que le sérum sanguin de la « chèvre devenait capable d'agglutiner rapidement et com- « plètement les bacilles de Koch suspendus dans des émul- « sions homogènes, lorsque l'animal avait reçu une série « d'injections sous-cutanées de bacilles plus ou moins « virulents.... »

« Or, je viens de m'apercevoir que le sang de la chèvre « peut acquérir des propriétés analogues sous l'influence « d'injections répétées d'eucalyptol, de gaïacol, de créosote « ou de liqueur de Mialhe (sublimé corrosif).... »

L'auteur indique ensuite la façon dont il avait traité 4 chèvres, l'une pendant deux ans par des injections d'huile créosotée, une seconde pendant 20 mois par des injections de liqueur de Mialhe, une 3ᵉ et une 4ᵒ pendant un an avec des injections d'huile gaïacolée d'une part, d'huile eucalyp_ tolée d'autre part. Il décrit ainsi les résultats obtenus avec le sérum de ses animaux :

---

(1) *Comptes rendus des séances de l'Acad. des Sciences*, t. CXXVI, séance du 31 mai 1898, et *id.*, séances des 9 et 16 mai 1898.

« Le 1ᵉʳ avril 1898, je fais une petite saignée aux qua-
« tre chèvres, et j'obtiens quatre échantillons de sérum.

« Ces sérums sont essayés, comparativement avec les
« sérums des chèvres imprégnées de tuberculine et de
« bacilles de Koch, sur des émulsions homogènes de ce
« bacille, dans la proportion de 1/10. Tous sont aggluti-
« nants.

« Je fais une nouvelle saignée le 20 mai 1898 ; les nou-
« veaux échantillons de sérum que j'obtiens à ce moment
« sont aussi agglutinants que ceux du 1ᵉʳ avril.

« A volume égal, ces sérums agglutinent un peu moins
« énergiquement que le sérum des chèvres tuberculisées et
« tuberculinées. »

« C'est bien en provoquant une réaction de l'orga-
« nisme vivant que ces quatre substances chimiques déter-
« minent l'apparition d'une matière agglutinante dans le
« sang. En effet, si l'on ajoute à des émulsions du bacille
« de Koch, 1/10 ou 1/5 d'une solution aqueuse saturée
« d'eucalyptol, de gaïacol ou de créosote, ou les mêmes
« quantités de liqueur de Mialhe, on ne produit pas d'ag-
« glutination. De seize à vingt-quatre heures après le mé-
« lange, quelques bacilles se déposent au fond des tubes
« ni plus ni moins que dans les tubes témoins. On assiste
« donc à la création du pouvoir agglutinant par des sub-
« stances chimiques qui en sont elles-mêmes dépourvues. »

M. Arloing indique que la créosote produit, un peu
moins vite que les trois autres substances chimiques expé-
rimentées, le phénomène de l'agglutination ; que ses expériences n'ont encore porté que sur l'espèce caprine ; enfin,
« sans attacher, dit-il, une grande importance à cette der-

« nière constatation », que le gaïacol, l'eucalyptol et la
créosote « sont au nombre des substances chimiques que
« l'on oppose habituellement aux ravages de la tubercu-
« lose ».

Ces réserves de l'auteur n'atténuent ni la valeur
de ses expériences, ni celle des conclusions que nous
croyons être en droit d'en tirer à notre point de vue plus
spécial.

Voyant donc la créosote, d'une part conférer aux
humeurs de l'économie le pouvoir agglutinatif comme le
leur confère la tuberculine, d'autre part agir en ses réactions
d'intolérance de la même manière qu'une toxine microbienne, et en ses effets curateurs les moins contestés, à la
façon de la tuberculine résiduelle de Koch (accroissement du
poids, réveil de l'appétit, diminution de la sueur, de la toux,
de l'expectoration, des bacilles, des signes de ramollissement
et de bronchite) envisageant cette similitude d'action avec
les agents les mieux connus de la toxinothérapie (laquelle,
répétons-le, ne prétend qu'à une exaltation de nos moyens
de défense), il nous semble rationnel de répéter avec Burlureaux que la créosote est un dynamogène, et d'ajouter
qu'elle n'agit ni comme un antitoxique, ni comme un
bacillicide, mais comme un médicament apte à exciter les
activités cellulaires et les fonctions phagocitaires en vue
d'un humorisme spécial.

On comprend mieux encore ainsi la réalité de la valeur
pronostique de l'intolérance, et si, comme Burlureaux le
disait dès 1894, émettant une hypothèse que viennent vérifier les faits nouveaux produits depuis, « cette valeur pro-
« nostique de l'intolérance créosotée ne le cède en rien à

« la valeur diagnostique de la tuberculine, » (1) c'est que
la tolérance à l'égard de la créosote est le témoin du pouvoir que possède encore l'organisme de se constituer un
humorisme défensif, et nous ajouterons de se constituer
cet humorisme grâce à elle (on sait en effet que les urines
des tuberculeux, le plus souvent alcalines, deviennent, sous
l'influence de la créosote, acides et très analogues à celles
des arthritiques) ; c'est que l'intolérance suppose au contraire un organisme si imprégné de toxines, ou d'une
façon plus générale si déchu de sa puissance défensive,
qu'il est trop tard pour faire appel à ses activités cellulaires
et phagocytiques : dans ce dernier cas, il semble que la
créosote soit la goutte d'eau qui fait déborder le vase, un
poison dont l'addition, à ceux que contient déjà de façon
latente l'organisme, fait apparaître l'état profondément
toxique de ce dernier, comme le cristal d'acétate de soude
mis au contact d'une solution de ce sel peut en montrer
l'état de saturation — comme l'injection de tuberculine à
un bovidé rend manifeste une tuberculose jusque-là silencieuse.

---

(1) *Loc. cit.*, p. 106.

CHAPITRE XIV

Des intolérances accidentelles.

Nous laisserions cette étude inachevée, si nous ne traitions ici avec le développement qu'elle comporte la question des *intolérances accidentelles* : cette question, en effet, vient en apparence infirmer les conclusions posées au chapitre précédent; mais il n'y faut apporter qu'un peu d'attention pour être assuré qu'elle fortifie au contraire ces conclusions, et que sa solution est conforme à celle du problème que nous avons essayé de résoudre dans ce travail.

Et d'abord, qu'appelons-nous intolérance accidentelle ? Quelque chose de très habituel, de si fréquent même qu'il n'est pas un malade chez lequel, au cours d'un traitement créosoté un peu prolongé, on n'ait l'occasion de le constater. Tous les médecins qui ont usé de la créosote d'une façon un peu suivie ont pu être frappés de ce fait : dans le cours d'un traitement en apparence bien conduit, alors que la tolérance était parfaite, alors même que l'on cessait d'augmenter les doses pour s'en tenir à un chiffre fixe, il survenait à un moment donné une intolérance brusque, quelquefois des plus intense ; et cette intolérance se manifestait par une seule prise du médicament, ou bien se maintenait pendant quelques jours pour faire à nouveau place à la tolérance, à moins encore qu'elle ne devînt définitive.

De là à dire que la créosote était un médicament dangereux, infidèle, il n'y avait qu'un pas : et peu s'en fallait qu'elle ne tombât au dernier rang de l'arsenal de la thérapeutique antituberculeuse, après y avoir occupé la première place.

Et cependant, quoi de plus simple que d'expliquer la production de ces intolérances accidentelles, quoi même de plus facile à prévoir, et, nous l'indiquerons du moins, de plus facile à éviter ?

Qu'il n'y ait rien d'incompréhensible dans la genèse de ces intolérances accidentelles, il suffit pour s'en convaincre de parcourir les observations placées à la fin de cette étude (Obs. XXVIII à XXXVIII) ; en voici un exemple qui suffira à la preuve que nous voulons faire :

G..., 26 ans, ostéoarthrite bacillaire : obscurité des deux sommets et foyer de râles sous-crépitants au sommet droit.

A pris du 23 mai au 17 juin, $2^{kgr},330$ d'huile créosotée en injections, dose maxima 225 grammes et du 17 juin au 5 juillet 270 grammes seulement, faute de place pour continuer les injections, total $2^{kgr},600$.

5 juillet, injection de 30 grammes : intolérance (urines noires, refroidissement, sueurs, etc.) ; le soir, angine. Le 6, angine herpétique déclarée.

Du 8 juillet au 26, date de la cessation du traitement, a repris et toléré 280 grammes d'huile, en 6 injections.

Ainsi, tolérance soutenue pendant 43 jours d'un traitement intensif, ne se démentant qu'à l'occasion d'une angine herpétique, et pour une dose très inférieure à celles antérieuremeut tolérées ; enfin, tolérance se rétablissant quand le malade est lui-même rétabli.

Burlureaux cite douze cas analogues observés à propos d'angines (voir Obs. XXX), plusieurs autres où l'affection intercurrente a été une attaque de rhumatisme, une poussée fébrile occasionnée par de la lymphangite, une diarrhée, une indigestion ; il note que chaque fois il y a eu intolérance : la dose de créosote qui était tolérée avant l'angine, avant la diarrhée, ne l'est plus à partir du moment précis où sont apparus l'angine ou la diarrhée, et tant que durent celles-là.

Il n'est pas nécessaire qu'intervienne une affection aussi violente que l'est au moins pendant 36 heures une angine herpétique : nous avons observé de l'intolérance accidentelle chez un malade, très nerveux, auquel nous avions fait dans une même séance une injection créosotée et une application sérieuse de pointes de feu (Obs. XXIX) ; chez d'autres, à la suite d'injections douloureuses (Obs. XXX, XXXI et XXXVIII) sans que l'on puisse voir dans ces deux derniers cas autre chose qu'une intolérance deutéropathique, c'est-à-dire non pas due à l'injection créosotée en elle-même, mais à la douleur provoquée par l'injection, puisque ces mêmes malades n'avaient jamais d'intolérance quand les injections n'étaient que peu ou pas douloureuses.

Nous avons aussi observé un cas d'intolérance survenant dans le cours d'un traitement bien toléré, chez une femme, à propos de l'apparition des règles, qui étaient toujours chez elle l'occasion de douleurs et d'une grande fatigue (Obs. XXXII).

L'épidémie de grippe de l'hiver de 1897-1898 nous a

donné l'occasion d'observer deux fois des accidents de
même ordre, et ce fait concorde bien avec ce que l'on sait
de l'influence fâcheuse de la grippe atteignant les tuberculeux (Obs. XXXIII et XXXIV).

Nous avons encore rencontré cette intolérance accidentelle chez trois malades atteints en cours de traitement,
l'un de spléno-pneumonie, l'autre d'une violente poussée
conjective avec fièvre, le troisième de pneumonie (Obs.
XXXV, XXXVI, XXXVII).

Nous multiplierions sans profit ces exemples : le déterminisme de ces intolérances accidentelles apparaît suffisamment : toutes les fois que, pour une raison quelconque,
la résistance du malade vient à subir une diminution momentanée, la tolérance diminue dans la même mesure ;
c'est le cas dans les Observations XIII, XXVIII, XXIX,
XXX, XXXI, XXXII, XXXIII, XXXIV, XXXVI et
XXXVIII.

Si la cause de dépréciation de l'organisme, de passagère qu'elle était, devient permanente, l'intolérance devient
aussi permanente ; ainsi s'expliquent les intolérances progressives dont les observations XXII, XXIII, XXIV, XXV,
XXXV et XXXVIII sont des exemples, et dans lesquelles il
est manifeste que la décroissance de la tolérance suit une
marche parallèle à celle de la résistance vitale.

Comme on le voit, la créosote reste fidèle à son rôle
de réactif de la valeur biologique du sujet, et les intolérances accidentelles, pour décevantes qu'elles soient, ne
constituent pas une objection à opposer à l'emploi de la
créosote, puisqu'elles peuvent apparaître à la période
prodromique d'une affection insoupçonnée et mettre ainsi

l'attention du médecin en éveil ; et puisque d'autre part, le médecin, s'il est averti, par quelque signe prémonitoire, d'une aggravation dans l'état de son malade, peut et doit éviter l'intolérance accidentelle en diminuant les doses ou en cessant momentanément l'usage de la créosote.

Enfin, dans le cas où ces intolérances brusquement survenues deviennent définitives, elles confirment la valeur pronostique de la créosote, elles viennent donner une nouvelle force à nos conclusions et nous permettent de les résumer ainsi :

L'intolérance de l'organisme à l'égard de la créosote n'est le fait ni d'une lésion particulière, ni d'une maladie propre, ni d'une condition spéciale du sujet ; elle est passagère ou permanente, proportionnelle à la diminution passagère ou permanente de la résistance vitale ; sa cause dernière réside dans un état de déchéance de l'organisme tel, qu'il ne peut plus être fait appel à ses moyens de défense.

OBSERVATIONS

Les 39 observations qui suivent se rapportent à peu
près toutes à des cas d'intolérance, puisque c'est surtout à
étudier celle-ci que nous nous sommes attaché : nous pourrions en publier un plus grand nombre, dans lesquelles la
tolérance a été la règle, comme une *amélioration persis-
tante* a été le résultat du traitement créosoté, mais ce n'est
point notre sujet actuel, et si nous croyons devoir signaler
ces observations plus favorables, c'est seulement pour
mettre en garde contre une fausse impression qui pourrait
résulter de la lecture des premières ; c'est pour empêcher
que l'on ne se fasse à tort cette opinion, qu'il n'est pas possible de manier la créosote sans provoquer l'intolérance.

Observation I (Personnelle)

Mlle S..., 24 ans, neurasthénique avec vomissements nerveux
durant depuis 9 ans, constipation opiniâtre se maintenant parfois
jusqu'à 24 jours ; arrivée à un degré extrême de prostration, nous
est confiée pour être soumise, avec toute la prudence possible,
aux injections créosotées.

Nous donnons d'abord 2 grammes d'huile au 15°, et cette dose
suffit à provoquer du refroidissement, du malaise et une exagéra-
tion notable de la gastralgie habituelle.

Nous employons alors l'huile au 100°; 5 grammes sont tolérés, puis 10 grammes, mais 15 grammes ne le sont plus (sueurs, urines noires, etc.).

Cherchant alors si le mode d'administration a ici une influence, nous donnons 8 jours de suite des lavements contenant 5, 10, 15, 20 gouttes de créosote : ces doses sont tolérées, mais si l'on donne 25 gouttes, il y a intolérance (sueurs, vertiges, gastralgie).

Observation II (Personnelle)

Mlle M..., 20 ans, neurasthénique; depuis 2 ans, dyspepsie, constipation, insomnie; depuis quelques jours, refus absolu de nourriture. On décide l'emploi des injections créosotées comme moyen dynamogénique et pour obvier en partie au défaut de nutrition.

1 gramme d'huile au 15e provoque du refroidissement, un peu de sueur, et un goût persistant de créosote dans la gorge, et l'on doit se contenter d'injecter chaque jour une demi-seringue Pravaz.

Au bout d'un mois, amélioration notable; la malade tolère 3, 4, puis 10 grammes d'huile au 15e, et reçoit dans la suite 43 injections de 10 grammes chacune.

Observation III (Burlureaux)

M. X... atteint d'hystéro-neurasthénie d'origine traumatique, traité par les injections créosotées, supportait 30, 40, 50 grammes d'huile au 15e et n'en tolérait pas 60; cette dose lui donnait vertiges, sueurs, frisson, etc.

Observation IV (Personnelle)

Mlle M. L..., 20 ans, atteinte de polyadénie tuberculeuse avec excellent état général, a pris en 20 jours (mai 1898) 10 injections

d'huile créosotée au 15°, dose maxima 5o grammes, dose totale
275 grammes, et 10 lavements de créosote, dose maxima 90 gouttes,
dose totale 540 grammes.

Tolérance parfaite, chez une femme.

Observation V (Burlureaux)

Co... a pris en 4 mois 52 injections (dose maxima 65 grammes)
et n'a jamais présenté d'intolérance, bien que pendant cette période
il ait eu cinq violents accès de fièvre intermittente avec corps sphé-
riques constatés dans le sang par M. le Pr Laveran : à chaque me-
nace d'accès on suspendait l'administration de la créosote.

Observation VI (Burlureaux)

Loy..., ancien paludéen, a également eu, en plein traitement
créosoté, une série d'accès d'impaludisme. Abstraction faite des
périodes d'accès, pendant lesquelles il ne recevait pas de créosote,
ce malade a pris et toléré 1^{kgr},405 d'huile au 15° en 51 injections
et 80 grammes de créosote en 13 lavements : tolérance parfaite.

Observation VII (Burlureaux)

R... fait sous nos yeux une pleurésie droite fébrile. Nous le
mettons au traitement créosoté au 7° jour de cette pleurésie; il
tolère la créosote malgré la fièvre, et la pleurésie rétrocède avec
une rapidité insolite...

Observation VIII (Burlureaux)

Bo... avait un épanchement pleurétique considérable et une
fièvre beaucoup plus ardente qu'elle ne l'est habituellement dans

la pleurésie: il fut traité par la créosote en pleine fièvre; la créosote fut tolérée, et, loin d'augmenter la fièvre, la fit tomber progressivement...

Observation IX (Burlureaux)

Chez To... nous avons vu la tuberculose apparaître pendant la convalescence d'une rougeole que nous avions soignée. Le diagnostic était des plus nets, il y avait des bacilles dans les crachats, et le pronostic s'annonçait des plus graves, si l'on en juge par la fièvre et par la tendance envahissante de la lésion pulmonaire qui prenait chaque jour une nouvelle extension.

En pleine fièvre nous soumîmes ce malade au traitement créosoté, et après une phase d'intolérance nous eûmes la satisfaction de voir la tolérance s'établir, la fièvre tomber, la lésion se limiter...

Présenté six mois après au Congrès de la tuberculose, ce malade n'avait plus qu'un peu d'induration d'un sommet.

Observation X (Burlureaux)

Br... abcès froid à onze ans. Entre au Val-de-Grâce avec de la tuberculose pulmonaire datant d'un an, et une poussée aiguë fébrile datant de quelques jours.

Malgré l'intolérance du début, la fièvre tomba au bout de six semaines, et l'on put pousser hardiment les doses de créosote : le malade prit $1^{kgr},600$ d'huile en 44 injections, et 35 grammes de créosote en lavement.

En 105 jours de traitement, son poids augmenta de 109 à 129 livres, et au départ l'état général était excellent et il ne restait qu'un peu d'obscurité aux deux sommets.

Observation XI (Burlureaux)

Ch..., 35 ans, entré au Val-de-Grâce au quinzième jour d'une poussée subaiguë de tuberculose, présentait en outre une caverne au sommet gauche, et tous les symptômes de la misère physiologique et de la cachexie palustre. Nous eûmes la satisfaction de faire très vite disparaître sa fièvre, mais nous dûmes manier la créosote avec une extrême prudence, car cet homme était, au début, sensible à 1 centigramme du médicament ; peu à peu, la tolérance s'établit au point qu'il put prendre $6^{gr},66$ de créosote en une injection de 100 grammes d'huile au 15e. Bref, il prit $2^{kgr},195$ d'huile en 73 injections, et 45 grammes de créosote en 13 lavements. Après 109 jours de traitement il nous quitta pesant 124 livres au lieu de 107, et n'ayant qu'une caverne très nettement limitée au sommet gauche.

Observation XII (Burlureaux, *loc. cit.*, page 108)

X..., atteint de ganglions multiples du cou, avec induration du sommet droit et fièvre continue, est mis au traitement créosoté : 5 grammes d'huile au 15e provoquèrent, dès le premier jour du traitement, de notables accidents d'intolérance ; à quatre reprises différentes la même dose minime produisit les mêmes effets; et ce que nous savions de la valeur pronostique de l'intolérance ne faisait qu'aggraver les inquiétudes qu'inspirait l'état de déchéance rapide du sujet.

Avant de lâcher prise et d'abandonner le malade à son sort, nous nous décidâmes à le traiter par des doses plus faibles encore; au lieu de 33 centigrammes de créosote, nous n'en donnâmes que 7, il y eut encore de l'intolérance ; le jour suivant nous n'en donnâmes que 6, puis 5 ; il y avait toujours de l'intolérance, de moins en moins marquée, mais très nette. Enfin, le malade toléra la dose minime de 35 milligrammes. Nous le laissâmes trois jours à cette dose ; puis nous reprîmes 4, 5, 7 centigrammes : la tolérance si péniblement acquise ne se démentait pas ; *l'appétit revenait, la fièvre diminuait.* Nous nous enhardîmes alors, et nous donnâmes 10, 30, puis 50, puis 60 centigrammes, et, en augmentant ainsi, nous arrivâmes à faire tolérer 6 grammes de créosote pure... Soixante jours après le moment où la créosote avait été tolérée pour la première fois, le malade quittait l'hôpital dans un état des plus satisfaisants, pesant vingt-huit livres de plus qu'à son entrée.

OBSERVATION XIII (Personnelle)

M. S..., 26 ans. Mars 1897. Bronchites depuis 4 ans, et légères hémoptysies. Actuellement tousse et crache, a de la fièvre tous les soirs, s'alimente mal, mauvais été général, poids, 59 kilogrammes. Bacilles de Koch et nombreux microbes associés.(Dr Chaillou).

Auscultation (Dr Burlureaux).

P. d., avant, tiers supérieur, obscurité et quelques sous-crépitants.

P. g., avant, deux tiers inférieurs, sous-crépitants.

arrière, tiers supérieur, obscurité.

6 *mars.* — Injection de 3 grammes d'huile au 15e.

8 *mars.* — 5 grammes. Le soir, frisson, T $= 40^\circ$, sueur, goût de créosote ; le 9 au matin, urine noire.

9 *mars.* — Nouveau frisson, goût de créosote, 40°,1, bien qu'il n'y ait pas eu d'injection.

11 *mars.* — Subit une poussée congestion avec foyer de crépitants fins dans l'aisselle, à droite.

On renonce momentanément à la créosote, et le malade est mis au repos à l'air.

29 *mars.* — N'a plus de fièvre, mange et dort. Commence à prendre des lavements créosotés à la dose de 5, 10, 15 gouttes ; les tolère.

9 *avril*. — Amélioration de l'état général : tolère 60 gouttes de créosote en lavement.

29 *avril*. — La dose tolérée est de 180 gouttes : on reprend les injections à la dose de 30 grammes d'huile au 15ᵉ. Tolérance.

30 *avril*. — Injection de 40 grammes. P. 60ᵏᵍʳ,750.

Du 1ᵉʳ au 25 *mai*. — Injections de 40, 45, 50, 55, 60, 45, 50, 60, 70, 80, 85, 90 grammes d'huile au 15ᵉ.

15 *mai*. — P. 62ᵏᵍʳ,500. Injection de 80 grammes, et du 16 au 25 mai, doses de 80, 90, 80, 90, 70, 80, 85 grammes. Puis les doses sont abaissées, le tissu cellulaire se trouvant presque complètement rempli par les injections précédentes.

Du 25 *mai* au 6 *juin*. — Injections de 40 grammes.

8 *juin*. — 40 grammes, injection très douloureuse : dans la nuit, frisson, sueurs, 38°,3, céphalée, goût de créosote : le lendemain, urine noire.

11 *juin*. — 40 grammes ; 12, 13, 15 juin, 50 grammes : tolérance.

16 *juin*. — 63ᵏᵍʳ,100. Le malade partant à la campagne est remis aux lavements créosotés, et du 20 juin au 10 novembre prend chaque soir un lavement, dose maxima 180 gouttes (4ᵍʳ,50 créosote).

10 *novembre*. — P. 64 kilogrammes ; forces très bonnes, ne tousse qu'une fois au réveil, ne crache plus, appétit et sommeil excellents.

P. d., arrière, respiration supplémentaire.

P. g., arrière, légère obscurité.

avant, deux tiers supérieurs, quelques frottements.

16 *novembre*. — Examen des crachats (Dʳ Chaillou), 1 seul bacille de Koch par préparation, et rares microbes associés.

En résumé, malade très atteint, ne supportant pas la créosote au début ; intolérance vaincue ; tolérance se maintenant ensuite pour des doses élevées (1,525 grammes d'huile au 15ᵉ en 2 mois et demi, et 470 grammes de créosote pure en lavements, dans l'espace de 5 mois).

Intolérance accidentelle à l'occasion d'une injection douloureuse.

Observation XIV (Personnelle)

M. G. T..., 28 ans. Début en octobre 1895. En janvier 1896, toux et expectoration, plusieurs hémoptysies, sans fièvre. P. 59 kilogrammes.

En septembre 1896, on note : toux, expectoration abondante renfermant des bacilles de Koch (D⁰ Chaillou), pas de fièvre, état général et appétit bons. P. 60 kilogrammes.

P. d., arrière, moitié supérieure, obscurité.

P. g., avant, bon.

      arrière, tiers supérieur, sous-crépitants.

Mis aussitôt au traitement créosoté par injections, a reçu du 3 septembre au 13 octobre 1,200 grammes d'huile au 15ᵉ (créosote. pure 80 grammes) en 23 injections, dose maxima 85 grammes, tolérance parfaite. Parti à Cannes le 22 octobre, pesait 68 kilogrammes.

Du 25 octobre au 30 avril 1897, a pris à Cannes 138 lavements créosotés, dose maxima 120 gouttes, dose totale 320 grammes de créosote pure.

Le poids est au 1ᵉʳ mai de 74 kilogrammes ; le D⁰ Daremberg constate l'absence de bacilles de Koch dans les crachats : le malade, revu par nous le 16 novembre 1897, pèse 76 kilogrammes, n'a plus de bacilles dans les crachats, et plus *aucun* signe stéthoscopique.

Décembre 1898. — La guérison se maintient.

Observation XV (Personnelle)

M. P..., 26 ans, est un exemple frappant de l'influence de l'état moral sur l'état physique, partant sur la tolérance. Malade depuis octobre 1896, il se présente (11 mars 1897) avec les lésions suivantes (D⁰ Burlureaux).

P. g., avant, tiers supérieur, sous-crépitants.

      tiers inférieur, foyer de pleurite.

      arrière, tiers supérieur, sous-crépitants lointains non douteux.

P. d., bon.

Bacilles de Koch dans les crachats (Dr Chaillou).

A perdu 9 kilogrammes en 6 mois; bien que sans fièvre, ne mange pas, dort mal ; ne croit pas à la curabilité de la tuberculose, a le moral très abattu, et une très grande appréhension du traitement créosoté.

15 *mars*. — Injection de 5 grammes d'huile au 15ᵉ : goût de créosote, sueurs et frisson.

18 *mars*. — 5 grammes ; goût de créosote, très légère sueur.

22 *mars*. — 5 grammes, tolérance.

24 *mars*. — 10 grammes, tolérance.

26 *mars*. — 15 grammes, léger vertige.

28 *mars*. — 15 grammes, tolérance.

1ᵉʳ *avril*. — 10 grammes, tolérance. A partir de ce moment, le malade a repris courage, s'alimente largement et supporte si bien le traitement créosoté qu'à son départ pour le midi (novembre 1897) il a pris en 40 injections, dose maxima 60 grammes, 1,200 grammes d'huile créosotée.

Pendant les six mois d'hivernage, il prend 4 jours par semaine des lavements à la dose habituelle de 120 gouttes (3 grammes), et les tolère parfaitement. A son retour il a gagné 6ᵏᵍʳ,600 sur son poids initial, et nous ne trouvons plus que de l'obscurité au tiers supérieur du poumon droit, avant et arrière.

Décembre 1898. — Persistance de l'amélioration.

Tolérance s'élevant avec la valeur biologique du sujet.

Observation XVI (Personnelle)

M. J..., 26 ans, ayant un état général excellent, un appétit constant, et seulement de l'obscurité et quelques rares sous-crépitants dans les deux sommets en arrière, a reçu à deux reprises des injections d'huile créosotée au 15°. Une première fois, du 16 juillet 1897 au 20 août, il a reçu en 13 injections, dose maxima 50 grammes, un total de 365 grammes d'huile ; une seconde fois, du 17 décembre 1897 au 18 mars 1898, 19 injections, dose totale 740 grammes ; et comme lors de cette seconde cure, et tant par le fait de la première que d'un séjour de 3 mois à 700 mètres d'altitude, sa résistance s'était accrue et que ses lésions se résumaient en anomalies de sonorité et de murmure vésiculaire, la dose maxima tolérée a pu être de 70 grammes d'huile au 15°.

Observation XVII (Personnelle)

M. Di..., atteint de tuberculose pulmonaire au début, avec obscurité, submatité et augmentation des vibrations au sommet droit, expiration prolongée au sommet gauche en arrière et bon état général, a pris, du 3 décembre 1897 au 25 mai 1898, des lavements créosotés à la dose maxima de 100 gouttes par jour ; au total, plus de 250 grammes de créosote ; jamais d'intolérance.

Observation XVIII (Personnelle)

M. H..., 18 ans, bronchectasie avec expectoration fétide et bon état général, a supporté du 18 février au 30 mars 1898, avec tolérance parfaite, 17 injections de 5 à 50 grammes d'huile au 15°, soit 600 grammes environ. Diminution de l'expectoration et de la fétidité des crachats.

Observation XIX (Personnelle)

M. F..., 52 ans, neuro-arthritique non tuberculeux, avec bronchorrée et crises d'asthme, mis au traitement créosoté, ne peut tolérer ni les injections aux doses de 10, 8, 5 et même 3 grammes d'huile au 15°, ni les lavements aux doses de 10 et 8 gouttes ; il y a chaque fois frisson, urine noire, insomnie, céphalée et malaise persistant 24 heures, avec aggravation remarquable de l'état nerveux.

Or, ce malade a un état général défectueux, une nutrition plus que médiocre, en un mot, sa valeur biologique est faible (23 août 1897).

Observation XX (Personnelle)

M. N..., 27 ans, tuberculose pulmonaire à marche rapide ; début en décembre 1897 ; en février 1898, on trouve déjà (Dʳ Burlureaux) :

P. d., avant, 2/3 supérieurs, souffle caverneux et quelques gargouillements ;

    arrière, souffle et sous-crépitants ;

P. g., bon.

Températures oscillant régulièrement entre 36°,8 et 38°,2. Amaigrissement rapide, inappétence et vomissements, teint blême et terreux ; forme infectieuse mauvais pronostic.

15 *février* 1898. — Injection de 5 grammes d'huile au 100ᵉ (0,05), suivie de sueur, goût de créosote, hypothermie, 36°, puis hyperthermie, 40°,1 : intolérance très accusée.

18 *février*. — Injection de 2 grammes d'huile au 100°, mêmes symptômes, seulement un peu moins nets.

Mais, en somme, intolérance absolue venant encore aggraver le pronostic.

Décès en mai 1898.

Observation XXI (Personnelle)

Mˡˡᵉ M..., 26 ans. Malade depuis 3 ans, état général mauvais (inappétence, vomissements, fièvre) ; caverne occupant la moitié supérieure du poumon droit, expectoration purulente et abondante.

21 *octobre* 1897. — Injection de 3 grammes d'huile au 100° (solution faible à cause de l'intolérance probable) : tolérance.

22 *octobre*. — 5 grammes ; légère sueur un quart d'heure après.

23 *octobre*. — 8 grammes ; sueur, refroidissement persistant pendant 3 heures.

Robert Simon.   7

24 *octobre*. — 10 grammes ; sueur, refroidissement (35°,8) suivi d'hyperthermie (39°,9), goût de créosote, urine thé foncé.

Comme cela était à prévoir, en raison de la faible valeur biologique du sujet, intolérance pour toute dose dépassant 3 grammes d'huile au 100°, soit 3 centigrammes de créosote.

Décès en février 1898.

Observation XXII (Personnelle)

M. Ga..., 34 ans, soigné une première fois par le Dr Burlureaux en 1893, présentait à cette époque de l'obscurité et des sous-crépitants dans le sommet droit en arrière : il toléra alors jusqu'à 200 gouttes, soit 5 grammes de créosote en lavements quotidiens, et eut un arrêt dans l'évolution de sa maladie.

Ayant négligé de se soigner jusqu'en octobre 1896, il présentait à cette époque une caverne dont les symptômes étaient perceptibles dans les deux tiers supérieurs du poumon droit tant en avant qu'en arrière, et des râles cavernuleux sous la clavicule à gauche : cachexie profonde, diarrhée, vomissements, etc....

Bien que sans espoir, nous tentâmes le traitement créosoté, mais un demi-gramme d'huile au 15° en injection, aussi bien que 5 gouttes de créosote en lavement, amenaient des symptômes si graves d'intolérance, qu'il fallut abandonner le médicament, et le malade succomba le 4 décembre 1896.

Observation XXIII (Personnelle)

Mme L..., 50 ans. 1897. Hérédité chargée : a perdu par tuberculose pulmonaire son père, 4 frères, 3 nièces, 1 neveu : 1 sœur actuellement vivante a de la laryngite chronique ; la fille de cette dernière a des bronchites fréquentes. La fille unique de Mme L... a eu en 1896 une pleurésie grave qui a duré 2 mois et a cédé.

Mme L... avait depuis des années de la constipation avec entérite muco-membraneuse, et de la couperose en raison de laquelle elle s'imposait depuis 1895 le régime végétarien.

Dès *juin* 1896, amaigrissement rapide; en *février* 1897, apparition de la toux avec expectoration abondante, fièvre.

25 *mai* 1897. — L'auscultation (Dr Burlureaux) donne:

P. d., avant, matité et rudesse, presque souffle.

     arrière, matité, rudesse, et sous-crépitants très nets dans les deux tiers supérieurs.

P. g., région latérale, tiers moyen, frottements-râles.

Bacilles de Koch dans les crachats (Dr Chaillou).

Températures élevées, alimentation difficile, vomissements fréquents; état général mauvais, moral plus mauvais encore, la malade, qui a vu mourir trop de tuberculeux autour d'elle, ne se faisant aucune illusion, ne cherche pas à lutter.

Injections d'huile créosotée au 15e:

3 *juin*. — 2 grammes, tolérance.

4 *juin*. — 3 grammes, tolérance.

5 *juin*. — 5 grammes, légère sueur.

6 *juin*. — 8 grammes, sueur et frisson.

7 *juin*. — 10 grammes, frisson, sueur, vertige, congestion de la face, 39°,6.

P. d., avant, souffle manifeste et quelques sous-crépitants.

     arrière, même état que le 25 mai.

P. g., même état.

En même temps que cette aggravation de l'état local, diminution de la résistance générale, inappétence, constipation opiniâtre avec ballonnement du ventre, températures vespérales entre 39° et 40°.

10 *juin*. — Injection de 5 grammes, frisson, sueur, vertige, urines noires.

14 *juin*. — 3 grammes, mêmes symptômes.

Craignant que ce ne soit l'injection *créosotée* qui provoque l'intolérance, et désireux cependant d'alimenter la malade, nous donnons des injections d'huile simple stérilisée, et des lavements de créosote: 3 injections de 25, 10 et 5 grammes d'huile simple provoquant une douleur telle qu'il faut en cesser l'usage ; par contre des lavements sont tolérés du 16 juin au 10 août, aux doses de 3o, 4o, 5o gouttes, puis seulement 3o, 25, 20 gouttes.

23 *août*. — Lavement de 20 gouttes ; intolérance.

27 *août*. — Lavement de 15 gouttes ; intolérance.

3o *août*. — Lavement de 10 gouttes ; intolérance : à ce moment, l'état général est des plus mauvais, et à l'auscultation nous trouvons du gargouillement dans tout le sommet droit, du souffle et des râles sous-crépitants dans les deux tiers supérieurs du poumon gauche en arrière.

1er *septembre*. — Lavement de 5 gouttes ; intolérance absolue (refroidissement suivi de fièvre, goût intense de créosote dans le phargnx, urines noires, etc...).

3 *septembre*. — Apparition d'un pneumothorax à droite ; dyspnée, matité, souffle amphorique et tintement métallique.

Décès le 8 *octobre* 1897.

En résumé, tolérance médiocre chez une malade profondément atteinte dans ses organes et dans sa résistance vitale ; à mesure que l'état s'aggrave, la tolérance fait place à une intolérance qui va en augmentant jusqu'à devenir absolue un mois avant la terminaison fatale.

Observation XXIII bis (Personnelle)

Mme C..., 42 ans, atteinte de gangrène pulmonaire avec expectoration fétide, amaigrissement rapide, anorexie, fièvre, supporta mal 2 injections de 5 grammes d'huile au 15e, et eût à la suite d'une 3e injection, de 6 grammes, une légère hypothermie qui nous fit porter un pronostic défavorable ; une hémoptysie survint qui hâta la suspension du traitement créosoté, et la malade succombait un mois après, au lendemain d'une pneumotomie faite *in extremis*. (Sept. 1898.)

Observation XXIV (Burlureaux)

Chez Mme D..., soumise aux injections créosotées, les forces et l'appétit revinrent, l'expectoration diminua, mais d'autre part la malade augmentait très peu de poids et *la lésion évoluait*; aussi quand nous vîmes de l'intolérance survenir avec la dose qui, les jours précédents, avait été tolérée, nous pûmes annoncer le décès à brève échéance. Cette crise d'intolérance fut la plus grave de celles que nous ayons notées : la température tomba pendant trois heures à 32°, sept heures après l'injection, puis regagna d'un bond 41°. Aussitôt nous fîmes suspendre le traitement...

Selon nos prévisions, la malade mourut peu après.

Observation XXV (Personnelle)

M. de L..., 42 ans, tubercolose pulmonaire au 2e degré. A commencé le traitement créosoté en octobre 1896, tolérant alors 50 à 60 gouttes de créosote en lavement : puis (février 1897), parallèlement à une aggravation progressive des lésions, intolérance progressive pour des doses de créosote (40 gouttes) autrefois tolérées.

En juin 1897, des injections sont faites aux doses de 15 grammes d'huile au 15e : peu après, il faut baisser à 10, 8 et 5 grammes et en août, la maladie évolue brusquement vers une terminaison fatale, l'intolérance est absolue même pour 1 gramme d'huile au 15e. Décès le 11 septembre.

Observation XXVI (Burlureaux)

Mlle V..., était atteinte d'une péritonite tuberculeuse datant de 4 mois, sans fièvre, sans lésions pulmonaires. Le traitement créosoté fut bien supporté d'abord, c'est-à-dire durant 2 mois ; puis survint une intolérance progressive qui nous donna lieu de craindre une aggravation de la maladie : en effet, l'issue fatale se produisit à brève échéance.

Observation XXVII (Personnelle)

M. G..., 21 ans — un frère mort tuberculeux — a eu en 1887 une arthrite tuberculeuse de l'épaule droite, traitée par les injections sclérogènes du Pr Lannelongue : ankylose indolore. En 1889, hémoptysies. En 1892, nouvelles hémoptysies.

En novembre 1892, l'auscultation donne :

P. D. avant : expiration prolongée.

arrière : obscurité, submatité, augmentation des vibrations.

P. G. avant, submatité et râles humides de haut en bas.

arrière, 2/3 supérieurs, submatité, augmentation des vibrations, expiration soufflante, quelques sous-crépitants.

Très bon état général.

Les injections d'huile créosotée, au nombre de 200 pendant une année, ont fait absorber au malade 3 kilogrammes d'huile au 15e, avec tolérance parfaite.

En 1894, 1895 et 1896, le malade, se trouvant bien, cesse de se soigner.

En juillet 1896, à cause d'un peu d'expectoration avec maintien d'un état général excellent, le malade vient réclamer le secours de la créosote, et reprend 23 injections d'huile au 15e, dose maxima 45 grammes, dose totale 700 grammes, et 30 lavements, dose moyenne 60 gouttes, dose maxima 100 gouttes : tolérance parfaite.

D'octobre 1896 à octobre 1897, nouvelle série d'injections et de lavements ; or M. G..., qui était jusqu'à ce moment un modèle de tolérance, supporte de plus en plus mal la créosote.

18 *octobre* 1897. — Injection de 15 grammes : le soir, frisson suivi d'hyperthermie, 38°,2 ; le 19 au matin, urines noires.

21 octobre, injection de 10 grammes : sueur et frisson, et urines noires le 22.

28 octobre, 10 grammes, mêmes symptômes.

Les injections étant mal supportées, on essaye des lavements, du 30 octobre au 16 novembre ; alors qu'auparavant 100 gouttes étaient tolérées, 35 amènent actuellement de l'intolérance.

Or, dès le 12 octobre, le malade s'est mis à expectorer abondamment ; ses crachats contiennent des bacilles de Koch en très grande quantité (Dr Chaillou), renferment fréquemment des filets de sang ; en même temps, le malade maigrit, perd son appétit et l'excellence de son moral, en sorte que, grâce aussi à l'apparition de l'intolérance, il est possible d'annoncer un accident imminent, qui éclate le 7 novembre sous forme d'une poussée congestive telle, que le malade est envoyé au plus tôt à Menton.

Cette observation est incomplète en ce qu'elle ne dit pas si le malade, remis de cet accident pulmonaire et ayant, grâce aux conditions climatériques de Menton, gagné 2^{kgr},400 en 4 mois, aurait à ce moment toléré la créosote ; cela est probable, et nous n'avons été empêché d'en faire l'essai que parce que le malade n'a séjourné que peu de jours à Paris au retour du Midi, ayant été engagé par divers médecins et par nous-même à continuer hors Paris la cure d'aération permanente.

(Décembre 1898 : bon état général, rudesse à l'expiration et inspiration silencieuse dans le poumon gauche, poumon droit bon ; pèse 56 kilogrammes ; tolère des injections de 40 grammes.)

Tolérance parallèle à la résistance.

OBSERVATION XXVIII (BURLUREAUX)

R... avait aux deux sommets des sous-crépitants très nets... Il sortit de l'hôpital avec seulement un petit foyer limité, d'un côté, ayant augmenté de 11 livres en 80 jours sous l'influence de 66 injections représentant un total de 2^{kgr},625 d'huile au 15e.

Il avait une tolérance parfaite en temps ordinaire : un jour,

.sans que nous sachions pourquoi, il eut une grave intolérance : la cause nous en fut révélée le soir même par l'apparition d'une angine herpétique ; la maladie intercurrente l'avait mis en état de moindre résistance.

OBSERVATION XXIX (Personnelle)

M. D..., 27 ans, atteint de bronchite chronique probablement tuberculeuse (matité, obscurité et augmentation des vibrations au sommet gauche arrière), a supporté du 4 mai 1897 au 7 juin des injections d'huile au 15e aux doses de 5, 10, 15, 10, 15, 20, 25, 28, 30 et 30 grammes ; il n'a eu d'intolérance qu'après la 4e injection, de 15 grammes ; nous lui avions fait dans la même séance une application sérieuse de pointes de feu : il a subi les 7 autres injections sans accident, n'ayant en somme présenté d'intolérance, qu'à propos d'un traumatisme d'autant plus vivement ressenti que le sujet est un nerveux.

OBSERVATION XXX (Personnelle)

M. P..., 45 ans ; depuis 12 ans, bronchite et emphysème, expectoration abondante, sans bacille de Koch (Dr Chaillou).

Excellent état général.

Du 22 avril au 27 mai 1898, injections de 5, 8, 12, 15, 20, 25, 30, 35, 40, 40, 45, 45 grammes d'huile créosotée au 15e, tolérance parfaite.

1er *juin*. — 45 grammes ; 2 heures après l'injection, et au point d'injection douleur devenant de plus en plus vive, jusqu'à empêcher le sommeil ; 7 heures après l'injection, léger vertige, sensation de froid avec sueur, puis chaleur inusitée. Le lendemain matin, urines noires.

3 *juin*. — 45 grammes ; tolérance parfaite ; et du 6 au 18 juin,

8 injections de 5o, 5o, 5o, 55, 55, 6o, 6o, 70 grammes d'huile
créosotée : tolérance.

Intolérance accidentelle par injection douloureuse.

OBSERVATION XXXI (BURLUREAUX)

M. de G..., 3a ans, tuberculose pulmonaire au 2ᵉ degré, forme
torpide, avec bon état général.

A reçu du 5 avril au 13 mai, en 3a injections, 1,13o grammes
d'huile créosotée au 15ᵉ, dose maxima 55 grammes : tolérance parfaite.

14 *mai.* — Application de pointes de feu, à la suite de laquelle
le malade éprouve toute la journée, et dans la matinée du lendemain, une sorte de courbature généralisée.

15 *mai.* — A 2 heures après-midi, injection créosotée de
4o grammes seulement, à cause d'une douleur vive ressentie pendant l'injection et qui va en augmentant.

A 6 heures du soir, dyspnée, frisson, faiblesse dans les jambes ;
goût de créosote, froid et malaise intense, légère transpiration ;
sensation d'ivresse, sommeil lourd.

16 *mai.* — Au réveil, violente céphalée, vertiges, nausée, courbature générale, peau chaude ; urines noires.

19 *mai.* — Retour à l'état antérieur.

Intolérance causée par traumatisme.

OBSERVATION XXXII (Personnelle)

Mˡˡᵉ A..., 21 ans. Ankylose de la hanche gauche, suite de
coxalgie ; luxation en dedans et ankylose partielle de l'articulation
scapulo-humérale gauche, suite d'arthite tuberculeuse suppurée —
le tout dans la première enfance.

Présente dans la loge axillaire, le long du bord inférieur du
grand pectoral, et sous ce même muscle, une chaîne de 5 ganglions

tuberculeux ; 7 le long du sterno-cléido-mastoïdien, 1 derrière l'apophyse mastoïde et 1 autre derrière la branche montante du maxillaire inférieur, le tout à gauche.

Rien aux poumons, état général excellent.

Injections d'huile créosotée au 15ᵉ.

20 *novembre* 1896. — Injection de 5 grammes.

21 *novembre*. — 10 grammes.

22 *novembre*. — 15 grammes. — Tolérance parfaite.

23 *novembre*. — 20 grammes. Le jour même, apparition des règles qui sont habituellement douloureuses ; le soir urines légèment noires.

24 *novembre*. — 20 grammes, urines très noires.

25 *novembre*. — Repos, urines noires.

26 *novembre*. — Cessation des règles, et aussi d'un *malaise* persistant que la malade n'a jamais éprouvé dans les périodes menstruelles ; injection de 20 grammes ; urines moins noires.

27 *novembre*. — 25 grammes ; urines moins noires.

28 *novembre*. — 40 grammes ; urines à peine teintées.

29 *novembre*. — 50 grammes ; urines normales.

Du 30 *novembre* au 13 *décembre*, date où les injections sont cessées faute de place, injections de 60, 70, 90, 60, 80, 100, 40, 40, 60, 70, 75, 60, 40, 30, grammes d'huile au 15ᵉ : total 1,080 grammes.

Tolérance parfaite, chez une femme, pour de hautes doses, sauf pendant la période menstruelle.

Observation XXXIII (Personnelle)

M. B..., 24 ans, atteint de tuberculose pulmonaire au premier degré, avec état général excellent. Mis au traitement créosoté le 10 décembre 1897, reçoit 3 injections de 5, 10, 15 grammes d'huile au 15ᵉ : tolérance parfaite.

16 *décembre*. — Injection de 20 grammes ; dans la nuit, frissons, sueurs, céphalée intense ; le 17, au matin, urines noires ; en

même temps, point de côté à droite en avant, courbature, léger épistaxis, douleur oculaire à la pression, 38°,8 ; le soir, 40°, râles sibilants et ronflants dans les 2 bases en arrière. Grippe non douteuse.

24 *décembre*. — Reprise du traitement créosoté, qui a consisté en 14 injections de 15, 20, 25, 15, 20, 25, 25, 30, 20, 25, 30, 30, 35, 30 grammes d'huile au 15°, alternant avec des lavements de 30 à 140 gouttes de créosote.

Tolérance parfaite avant et après une atteinte de grippe, intolérance pendant la grippe.

OBSERVATION XXXIV (Personnelle)

Mme B..., 32 ans. Neurasthénique, dyspeptique, état général médiocre. Mari mort de tuberculose pulmonaire. A de la laryngite ; à l'auscultation on trouve :

P. g., en arrière aux deux tiers supérieurs, sub-matité et quelques sous-crépitants ;

P. d., en arrière, obscurité et sub-matité.

Bacilles de Koch dans les crachats (Dr Chaillou).

Début du traitement créosoté le 15 novembre 1897, par une injection de 5 grammes d'huile au 100° ; du 15 novembre au 6 décembre, injections de 5, 5, 10, 10 grammes, bien tolérées, puis alternativement jusqu'au 27 décembre, injections de 15 et 20 grammes et lavement de 10 à 30 gouttes.

Le 29 décembre. — Après une injection de 20 grammes d'huile à 100°, frisson, urines noires, céphalée, sueurs abondantes, vertige.

Le 30 décembre. — Céphalée violente, courbature générale, 39°,2, douleur à la pression sur les globes oculaires, grippe déclarée, avec dans les deux poumons, en arrière, de haut en bas, de la rudesse et des râles sibilants.

Le traitement créosoté, suspendu pendant la convalescence de la grippe, est repris par des injections de 5 à 30 grammes d'huile au 100e du 22 janvier au 27 mars, alternant avec des lavements de 10 à 60 gouttes de créosote. Tolérance parfaite qui ne s'est pas démentie depuis, la malade, partie à la campagne, prenant encore régulièrement (27 juillet 1898) des lavements à la dose de 80 gouttes.

Tolérance assez bonne, chez une femme, pour des doses moyennes, avec intolérance causée par le retentissement d'une grippe sur l'état général.

Observation XXXV (Personnelle)

M. Dim..., 48 ans. Atteint depuis 9 ans de tuberculose pulmonaire, présente à l'auscultation :

P. d., avant, matité, résonance vocale, souffle caverneux, gargouillement ;

      arrière, matité et souffle ;

P. g., arrière, sub-matité et obscurité.

Légère albuminurie permanente, avec bruit de galop. Dyspepsie, diarrhée fréquente, état général défectueux, moral très atteint.

C'est dans ces conditions que nous commençons le 27 décembre 1898, avec la plus grande prudence, un traitement créosoté à petites doses ; 3 grammes d'huile au 15e, puis 5, 5, 5, 7, 8, 8, 8, 8, 10 grammes sont successivement tolérés.

Mais le 13 janvier le malade subit une atteinte de grippe avec 39°,5, coryza, courbature, etc..., et de ce jour la créosote n'est plus bien tolérée ; en effet, quand nous voulons en reprendre l'usage, — 18 janvier, 5 grammes, — nous notons de petits signes d'intolérance, vertige, frisson avec hypothermie suivie d'hyperthermie (37°,8 à 38°,2), et ces symptômes ne font qu'augmenter quand nous portons les doses à 7 et 8 grammes d'huile (27 janvier).

Cette intolérance, devant laquelle nous sommes obligé de céder, nous l'attribuons aux conséquences fâcheuses de la grippe sur l'état du malade, et elle devient encore plus facile à expliquer quand, le 12 février, nous voyons apparaître une spléno-pneumonie qui enlève rapidement le malade.

Tolérance peu élevée, chez un sujet très atteint dans sa résistance vitale, et porteur de lésions graves ; intolérance absolue coïncidant auec le retentissement sur l'état général d'une infection grippale d'abord, d'une spléno-pneumonie ensuite.

Observation XXXVI (Personnelle)

F. D.. , franciscain, 21 ans. Atteint depuis un an, a eu 2 hémoptysies, la dernière le 9 mai 1897. Bacilles de Koch dans les crachats (Dr Chaillou). L'auscultation donne (12 mai 1897) :

P. g., avant, deux tiers supérieurs, sous-crépitants ;

arrière, rudesse au sommet, frottements à la base ;

P. d., arrière, quelques craquements.

Bon état général. Le traitement créosoté est institué, et du 14 au 21 mai on fait des injections de 5, 10, 15, 25, 35 et 45 grammes d'huile au 15e: tolérance parfaite.

23 *mai.* — Au réveil, 39", urines acajou, céphalée, point de côté en arrière à gauche, langue sèche ; à l'auscultation, on trouve (Dr Burlureaux) :

P. d., arrière, tiers moyen, le long de la colonne vertébrale, foyer de sous-crépitants ;

P. g., arrière, tiers inférieur, crépitants fins comme dans la pneumonie, foyer en rapport avec le point de côté.

Après quelques jours de repos, nous donnons, le 28 mai, une injection de 15 grammes: intolérance (urine noire, frisson, sueur).

29 *mai.* — Injection de 10 grammes.

31 *mai.* — 15 grammes.

2 *juin.* — 20 grammes ; à la suite, frisson, urine foncée.

4 *juin.* — 20 grammes, mêmes symptômes.

8 *juin.* — 25 grammes; refroidissement, courbature.

15 *juin.* — 25 grammes ; refroidissement, vertige, urine très noire.

Devant l'impossibilité de continuer le traitement créosoté à ce moment, le malade est envoyé au couvent de Versailles et soumis à l'aération continue en chaise-longue avec suralimentation. Amélioration, reprise du traitement créosoté le 17 septembre, avec lavements de 10 à 50 gouttes.

1er *décembre*. — Tolère 65 gouttes en lavement ; l'auscultation donne :

P. g., avant, obscurité ;

arrière, deux tiers supérieurs, quelques sous-crépitants lointains et des frottements ;

P. d., avant, légère obscurité ;

arrière, deux tiers supérieurs, quelques frottements, et quelques frottements aussi à la région latérale, tiers inférieur.

21 *janvier* 1893. — État général très amélioré.

Tolère des lavements quotidiens de 90 gouttes de créosote.

En résumé, tolérance parfaite jusqu'au jour où une poussée congestive vient diminuer la valeur biologique du malade ; retour de la tolérance après que les soins hygiéniques, la suralimentation et l'aération continue ont augmenté la résistance vitale.

Observation XXXVII (Personnelle)

Mlle E..., 10 ans. Depuis mai 1895, amaigrissement rapide, points de côté, toux quinteuse, fièvre, sueurs nocturnes, diarrhée, mauvais état général, micropolyadénie.

A l'auscultation (Dr Burlureaux) on constate :

P. d., avant, matité de pot fêlé, souffle et gargouillements limités au tiers supérieur, deux tiers inférieurs, quelques râles humides.

arrière, matité et obscurité.

P. g., arrière, quelques sous-crépitants.

Nous commençons le traitement créosoté à très petite dose le 6 décembre 1895, 1 gramme d'huile au 15e, puis les jours suivants 3 grammes, 5 grammes ; à cette dernière dose, l'enfant accuse du frisson, de la douleur épigastrique et un peu de sueur un quart d'heure après l'injection.

12 *décembre*. — 10 gouttes en lavement.

13 *décembre*. — Injection de 6 grammes, frissons et sueur.

14 et 15 *décembre*. — Lavements de 10 gouttes.

16 *décembre*. — Injection de 6 grammes, frisson.

17 *décembre*. — Lavement de 15 gouttes, douleur épigastrique.

18 *décembre*. — Injection de 6 grammes, bien supportée.

A partir de cette date, et malgré des débuts peu encourageants, la tolérance semble s'établir, en même temps que l'appétit et l'état général deviennent meilleurs.

Du 18 *décembre* 1895 au 9 *janvier* 1896, l'enfant supporte 6 injections, de 7 à 12 grammes d'huile au 15°, et 14 lavements contenant de 20 à 80 gouttes de créosote.

10 *janvier*. — Lavement de 80 gouttes, le lendemain, urine noire.

11 *janvier*. — 70 gouttes, frisson et urines très noires. En même temps, dyspnée, toux quinteuse, facies vultueux, 39°,8, et à l'auscultation, souffle inspiratoire et râles crépitants fins dans le poumon gauche ; nous essayons inutilement des lavements aux doses de 60, 40, 30 gouttes, une injection de 5 grammes, une autre de 3 grammes ; en raison de l'état de profonde déchéance qu'occasionne la pneumonie survenue, l'intolérance est absolue et l'enfant succombe le 17 janvier 1896, ayant commencé à ne plus tolérer la créosote le 10 janvier, date vraisemblable du début de la pneumonie.

Observation XXXVIII (Personnelle)

Mlle de la R..., 20 ans. 24 mai 1897. — Malade depuis 10 ans, anémique, réglée à 19 ans 7 mois seulement ; bronchites fréquentes, pour lesquelles plusieurs séjours ont été faits de 1890 à 1893 en Algérie, où le diagnostic de tuberculose pulmonaire, avec caverne au sommet droit arrière, a été porté et maintenu par plusieurs médecins.

S'alimente mal, diarrhée fréquente après les repas ; un peu de fièvre vespérale, sommeil médiocre, sueurs nocturnes très abondantes, tousse peu, crache rarement. Bon moral.

A l'auscultation on trouve seulement (Dr Burlureaux) :

P. d., avant, obscurité.

      arrière, légère submatité, souffle doux, aucun symptôme précis de caverne.

Cœur, dédoublement du 1er bruit à la base.

Le diagnostic de tuberculose est mis en doute, et un pronostic favorable est porté.

1er *juin* 1897. — Injection de 5 grammes d'huile créosotée au 15e.

5 *juin*. — 8 grammes.

9 *juin*. — 10 grammes.

12 *juin*. — 12 grammes. Tolérance parfaite, qui jointe au résultat d'un examen des crachats (Dr Chaillou) négatif au point de vue de la présence du bacille de Koch, permet encore d'infirmer les diagnostics antérieurs et surtout de porter un pronostic très favorable.

15 *juin*. — 15 grammes. Règles du 15 au 18 juin, pour la première fois normales en durée et quantité.

19 *juin*. — 20 grammes. Alimentation meilleure, disparition de la diarrhée et de la fièvre vespérale, diminution des sueurs nocturnes.

23 *juin*. — 20 grammes.

26 *juin*. — 25 grammes.

1er *juillet*. — 30 grammes. Tolérance parfaite.

3 *juillet*. — 30 grammes, injection faite entre 4 et 5 heures après-midi, vive douleur pendant, et plus encore après. A minuit, réveil par frisson et tremblement, froid intense, céphalée, goût de créosote dans le pharynx ; au matin, malaise général avec vertige ; urines noires.

5 *juillet*. — Bien qu'il n'y ait pas eu d'injections, encore un

peu de céphalée, de goût de créosote et de vertige ; impotence fonctionnelle de la cuisse gauche où a été pratiquée l'injection du 3, et douleur.

7 juillet. — Injection de 20 grammes. Tolérance.

Règles du 9 au 12 juillet, normales.

13 juillet. — 30 grammes.

15 juillet. — 35 grammes, tolérance parfaite.

18, 20, 23 juillet. — 3 injections de 40 grammes, bien supportées.

25 juillet. — Ne tousse plus, ni ne crache : ne présente plus au poumon droit qu'un peu d'inspiration humée ; partie à la mer, s'est bornée à suivre une hygiène rigoureuse.

Revue en octobre 1897 et juin 1898, en très bon état.

Cette observation montre l'appoint sérieux apporté au pronostic par la constatation de la tolérance créosotée ; elle contient de plus un exemple d'intolérance accidentelle causée par une injection très douloureuse.

BIBLIOGRAPHIE

———

Année 1894

Burlureaux (Ch.). — Traitement de la tuberculose par la créosote. Paris, 1894. Rueff, édit. (1).

Wilcox (R.-W.). — A new method of administering creosote. *Med. Rec. N.-Y.*, 1894, XLV, 299.

Zawadzki (J.). — Cas d'intoxication aiguë consécutive à l'administration de doses curatives de créosote. *Kron. lek. Warszawa*, 1894, XV, 24-27.

— Ein Fall von akuter Vergiftung mit Heildosen des Kreosots. *Centralbl. f. innere med.* Leipz., 1894, XV. 401-404.

Friedheim (L.). — Beitrag zur Kenntniss des Kreosots. *Monast. f. prakt. Dermat.* Hamburg, 1894, XVIII, 457-459.

Béhal (A.) et Choay (E.). — Recherche qualitative des phénols contenus dans la créosote officinale, créosote de hêtre et créosote de chêne. *Journ. de pharm. et chim.* Paris, 1894, 5 s., XXX, 97-106.

Guinard (L.) et Stourbe (O.). — A propos de l'absorption et des effets du gaïacol appliqué en badigeonnages épidermiques. *C. R. Soc. de biol.* Paris, 1894, 10 s., I, 180-182.

---

(1) On trouvera dans cet ouvrage la Bibliographie complète des travaux parus sur la créosote et le gaïacol, de 1887 à 1893 inclus.

Guinard (L.) et Geley (G.). — A propos de l'action hypothermi-
sante des badigeonnages de gaïacol et des modifications apportées dans l'absorption cutanée de ce corps par son mélange
avec la glycérine. *Prov. méd.* Lyon, 1894, VIII, 326, et *Bull.
gén. de thérap.*, etc. Paris, 1894, CXXVII, 136-140.

Da Costa (J.-M.). — Clinical remarks on the external use of guaiacol in reducing high temperature in typhoid fever and other
febrile diseases. *Med. News Phila.*, 1894, LXIV, 85-90, et
Coll. and Clin. Rec., Phila., 1894, VI, 321-324.

Desplats (H.). — Action antipyrétique du gaïacol appliqué sur la
peau. *J. des Sc. méd. de Lille*, 1894, I, 1-8,
25-32.

— Applications locales de gaïacol. *Bull. et Mém.
Soc. méd. des hôp. de Paris*, 1894, 3 s., XI, 250.

Linossier (G.) et Lannois. — Note sur l'absorption du gaïacol par
la peau. *C. R. Soc. de biol.* Paris,
1894, 9 s., VI, 97 ; 108-110 ; 10 s.,
I, 214.

— — De l'absorption cutanée du gaïacol.
Lyon méd., 1894, LXXV, 436-446, et *Bull. et Mém. Soc. de
thérap.* Paris, 1894, 112-123.

Stolzenburg. — Ueber die aüssere Anwendung von Guajakol bei
fieberhaften Erkrankungen. *Berlin. klin. Wochens.*, 1894,
XXXI, 109-111.

Friedenwald (J.) and H.-H. Hayden. — On Guaïacol applied exter-
nally as an antipyretic. *New-York M. J.*, 1891,
LIX, 455-459.

— Poisoning by guaiacol. *Maryland M. J.* Balt.,
1894, XXXI, 71.

Thayer (W.-S.). — Note on the value of guaiacol applied exter-
nally as an antipyretic. *Med. News.* Phila., 1894, LXIV, 343-347.

Wyss (O.). — Ueber Guajacolvergiftung. *Deutsche med. Wochens.*
Leipz. u. Berl., 1894, XX, 296-298, 321.

Ferrand. — Applications locales de gaïacol. *Bull. et Mém. Soc.
méd. des hôp. de Paris*, 1894, 3 s., XI, 234-236.

Garofalo (A.). — Sull' uso del guaiacolo secondo il metodo di Sciolla. *Riforma med.* Napoli, 1894, X, pt. I, 698-711.

Newton. — Guaicol, its modern uses and administration. *N.-Y. Polyclin.*, 1894, III, 167-170.

Caster (A.-H.). — Antipyretic effects of external applications of guaiacol. *Brit. M. J.* Lond., 1894, II, 6.

Kuprianow (J.). — Ueber die desinfizierende Wirkung des Guajakols. *Centralbl. für Bakteriol. u. Parasit.* Jena, 1894, XV, 933-981.

Russof (A.-A.). — Guaiacol as external antipyretic remedy. *Trudi obstr. dietsk. vrach. v.* Saint-Pétersb., 1891, VIII, 48-62, 1 chart.

Strouse (O.). — Des modifications apportées à l'absorption du gaïacol par le mélange de ce médicament avec un excipient. *Lyon médical*, 1894, LXXVI, 363-365.

Costa (J.-R.). — Uso del guayacol en embrocaciones, como analgesico. *Rev. Soc. med. Argent.* Buenos-Aires, 1894, III, 172-183.

Yater (W.-M.). — Guaiacol ; a new antipyretic, remarkable on account of subduing high temperature from epidermical application. *Tr. Texas M. Ass.* Galveston, 1894, XXVI, 133-139.

Caporali (R.). — Sull' azione del guaiacolo sul ricambio materiale. *Riformia med.* Napoli, 1894, X, pt. 3, 292-294.

Vedel (V.) et Ballard (P.). — Note sur un nouveau dérivé du gaïacol, le phosphite de gaïacol. *Montpel. méd.*, 1894, III, 749-754.

Petruschky et Nictner. — Sur le traitement des phtisiques fébricitants par le menthol, le gaïacol, etc... *Charite-Annalen*, 1894, p. 561.

Fabre. — Prophylaxie et traitement de la tuberculose par les inhalations de créosote à 200°. 3° Congrès de la tub., p. 320.

Chaumier. — Carbonate de créosote joint à la cure d'air. *Ibid.*, p. 351.

Lauth. — Gaïacol, créosote et cure d'air à Leysin. *Ibid.*, p. 356.

Gazzanica. — Sur la médication créosotée hypodermique dans la tuber. *Gaz. méd. Lomb.*, 30 déc. 1893, p. 594.

Sokolowski (A.). — Sur l'emploi de la créosote dans le traitement de la phtisie pulmonaire. *Gaz. Lakarska*, XIV, 1093-94, n° 1, p. 14.

Leróux (Ch.). — Gaïacol iodoformé dans le traitement de la tuber. pulmon. des enfants. 3ᵉ Congr. de la tub., p. 297.

Boissy. — Quelques considérations sur les propriétés cliniques des badig. du gaïacol. *Thèse*, Paris, 4 avril 1894.

Weill et Diamantberger. — Sur les injections gaïacolées dans le traitement de la tuberculose pulm. 3ᵉ Cong. de la tub., p. 301.

Amat (Ch.). — La créosote et le gaïacol dans le traitement de la tub. *Gaz. méd. de Paris*, 12 mai, p. 250.

Chéron (H.). — Le gaïacol dans la tub. pulm. et le lupus. *Trib. méd.*, 4 janvier, p. 8.

Ferrand. — Applications locales de gaïacol. *Soc. méd. des hôp. de Paris*, 16 avril.

Dana, Gilman-Thompson. — Note sur l'emploi externe de la créosote et du gaïacol. *N.-York med. Rec.*, 23 juin, p. 803.

Fyffe (W.-K.). — Action de la créosote sur la virulence du bacille de la tub. *Lancet*, 22 septembre, p. 684.

Burlureaux (Ch.). — Sur l'emploi de la créosote dans la tuberc. *Gaz. des hôp. Paris*, p. 664.

Chaumier (E.). — Du traitement local des tub. chirurgicales par le carbonate de créosote (créosotal). *Poitou méd.*, 1ᵉʳ octobre, p. 217.

Eeck (A.). — Traitement de la scrofulose par la créosote. *Saint-Pétersb. med. Woch.*, 17-29 septembre, p. 333.

Weiss (J.). — État actuel de la question du traitement de la tub. par la créosote. *Centr. f. Ther.*, p. 129.

Bosc (J.). — Traitement et guérison possible de la granulie par les badig. de gaïacol. *Lyon méd.*, 18 décembre, p. 387.

Cohen (I). — Le gaïacol dans le traitement externe de la tub. *Med. News*, 24 novembre, p. 570.

Année 1895.

Kölscher (F.). — Weitere Mittheilungen über die Behandlung der Tuberculose mit Guajakolcarbonat. *Berlin. klin. Wochens.*, 1894, XXXI, 1114-1116.

Greif (G.). — Beobachtungen über die Behandlung der Tuberculose mit Kreosotcarbonat. *Deutsche med. Wochens.* Leipzig u. Berlin, 1894, XX, 979.

Wilkens (G.-D.). — Kreosotterapi vid lungtuberculos. *Festsker. med. dokt.* F. W. Warting, Stockolm, 1894, 39-49.

Courmont (J.) et Nicolas (J.). — Traitement de la tuberculose expérimentale par les badigeonnages cutanés de gaïacol. *Province méd.* Lyon, 1895, IX, 10-61, et Congrès franç. de méd., 1894. Paris, 1895, I, 539-541.

Simon (Isidore). — Étude sur le traitement de la tuberculose pulmonaire par les injections rectales concentrées d'huile créosotée, iodoformée et salolée. *Thèse*, Paris, 1894.

Axtell (E.-R.). — Whut Colorado and creosote have done for four tubercular cases and how it has been done. *Colorado Climat.* Denver, 1894-95, I, 53-64.

Pla (E.-F.). — Las fricciones de guayacolo en la fiebre hectica. *Rev. d. cien. med.* Habana, 1895, X, 260.

Revello (R.-P.). — Sulla eliminazione del guajacol per la vie aere. *Cron. d. clin. med. di Genova,* 1893-95, 325-331.

Bulletins et mém. Soc. thérap. de Paris, 1896, 75-80. Accidents cérébraux dus à la créosote.

Burlureaux (Ch.). — Pseudo-méningites provoquées par la créosote. *Bull. et Mém. Soc. méd. des hôp. de Paris,* 1896, 3 s., XIII, 51-61.

Eschle. — Beitrag zum studium der Resorptions und Ausscheidungsverältnisse des Guajakols und Guajokolscarbonats. *Zeil. f. klin. m.* Berl., XXIX, 197-220.

Parry (E.-R.). — Creosote as an antipyretic *Indian. M. Gaz.* Calcutta, 1896, XXXI, p. 55.

Garofalo (A.). — Sull' uso del guajacol secondo il metodo di Sciolla. *Bull. di Soc. Lancisiana d. osp. d. Roma*, 1894-95, fasc. I, 16-25.

Maragliano. — Guaïacolo per via epidermica. *Terap. Clin.*, Napoli, 1896, V, 3.

Faisans. — Empoisonnement par la créosote. *Gaz. des hôp.* Paris, 1896, LXIX, 198-200.

Anders (J.-M.). — The external and internal use of guaiocol, with brief reports of cases. *Therap. Gaz. Detroit,* 1895, 3 s., XI, 145-148.

Bard (L.). — De l'utilité et des dangers des badigeonnages de gaïacol. *Prov. méd.* Lyon, 1895, IX, 445-450.

Bosc (F.-J.). — Traitement et guérison de la granulie par les badigeonnages de gaïacol. Cong. franç. de méd., 1894. Paris, 1895, I, 541-543.

Bugnion et Berdez. — Du traitement de la granulie par les badig. de gaïacol. *Rev. méd. de la Suisse Romane.* Genève, 1895, XV, 125-134.

Crook (J.-K.). — Observations on creosote and its derivations, with special reference to their influence in pulm. affect. Post.-Grad., *N.-York,* 1895, X, 340-346.

Desplats. — Action thérapeut. des badigeonnages de gaïacol. *Journ. des Sc. m.* Lille, 1895, I, 145, 169.

Foss. — Uebeor interne Anvoendung der isomere Kreosole resp. des Enterol. *Deutsch. Arch. f. klin. med.* Leipzig, 1895, LVI, 126-139.

Friedheim (L.). — Beitrag zur Kenntniss des Kreosots, sowie seine autituber. Kraft. Atti d. XI Cong. med. Roma, 1894, III, *Med. int.,* 308.

Gubb (A.-S.). — The therapeutical use of guaiacol. *Med. Press. and circ.* Lond., 1895, n. s., LIX, 288, 300.

Gunzburg (J.-M.). — Value of creosote. Ejened. Jour. *Vracht med.* Saint-Pétersbourg, 1894, 853.

Ingraham (C.-W.). — Creosote administration. *Med. News.* Phila., 1895, LXVI, 408.

Lanevski (V.-N.). — Observations upon the heat-reducing action of guaiacol when used cutaneously. *Bolvitsch. Gaz. Botkina.* Saint-Pétersb., 1894, VI, 817, 838, 855.

Lara y Cerezo. — El guayacol al exterior y mas especialmente como antitermico. *Rev. d. clin. terap. y farma.* Madrid, 1894-95, VIII, 353-358.

Olivieri (E.). — Sull' oso epidermico del guaiacolo. *Gaz. d'osp.* Milano, 1894, XV, 1579-1581.

Sciolla (S.). — Somministrazione del guajacol per via epidermica. Atti d. *XI Cong. med. internaz.* Roma, 1894, III. *Med. int.,* 296-299.

Shramkoff. — The effect of rubbing the skin with guaiacol upon the reduction of temperature. Trudi Obsh. *Kievsk. Vrach.* Kiev, 1895, I, 36-53.

Vreden (P.-P.). — Creosote as a dressing. *Vrach.* Saint-Pétersb., 1895, XVI, 414.

Wessinger (J.-A.). — The therapeutics of oleo-creosote and creosote carbonate. *N.-York M. J.,* 1895, LXII, 431.

Chappell. — Des injections sous-muqueuses de créosote dans le traitement de la tuber. laryngée. *J. of the Americ. med. Assoc.,* 3o nov. 1895, 949.

Dukemann (W.-H.). — Carbonate de créosote dans le traitement de la tuberculose. *Med. News,* 14 décembre, 648.

Zerenine (W.). — Traitement local du lupus par la créosote ; traitement des affections tuberculeuses et suppurées. *Vratsch,* n° 36, 1003.

Seifert. — De la médication créosotée. *Deutsche med. Zeit.,* 10 janvier, p. 37.

Freudenberg. — Traitement de la tub. pulm. des enfants par les injections de gaïacol iodoformé. *Der Frauen Aerzt,* janvier, p. 53.

Le Tanneur. — Du traitement de la tub. pulm. par les injections sous-cutanées de gaïacol. *Journ. méd. de Paris,* 17 février, p. 100.

Lyon. — Le gaïacol en applications externes. *Gaz. hebd. de méd.* Paris, 23 février, p. 87.

De Renzi. — Usage externe du gaïacol dans la tub. pulm. *Riv. clin. a terap.*, novembre, p. 562.

Blanc (F.). — Administration de la créosote par la voie intestinale, suppositoires créosotés. *Thèse,* Paris, n° 238.

Conway. — La créosote à haute dose comme spécifique de la tub. *N.-Y. med. J.*, 1er juin, p. 685.

Devauchel. — Du gaïacol synthétique dans le traitement de la tub. *Thèse,* Paris. 25 juillet.

Année 1896.

Schürmayer (B.). — Ueber die verwendung des Kreosote und seiner Derivate. *Fischhausenschliersee,* 1896. O. Finsterlin, 70 p., in-12.

Von Maximowitch. — Ueber die therapeutisch. method. der Auwendung der Kreosotpräparate. *Deutsche Arch. f. klin. med.* Leipz., 1896, LVII, 439-445.

Volkmuth. — Kreosotsanguinal und Sanguinalguajacol. *Aertzl. Rundschau.* München, 1896, VI, 417.

Romeyer et Testevin. — Sur un mode pratique d'administration de la créosote. *Dauphiné médical.* Grenoble, 1896, XX, 193-199.

Kestner (G.). — Erfahrungen mit gerbsaurem Kreosot. *Therap. Monash.* Berl., 1896, X, 609.

Hoch (A.). — Die Kreosotbehandlung im Kindesalter. *Wien. med. Bl.*, 1896, XIX, 773-775.

Adrian (L.). — Gaïacol et créosote, méthode rapide et facile d'analyse. *Bull. gén. de thérap.,* etc. *Soc. de thérap.* Paris, 1897, II, 1 à 11.

Cowan. — Creosote poisoning in a child. *Glascow M. J.,* 1897, XLVII, 145 147.

Eliot (J.). — The therap. action of creosote. *Virgin. M. Semi-Month.* Richmond, 1896 97, I, 564-567.

Lucas-Championnière (J.). — Le gaïacol comme anesthésique local. *Bull. et Mém. Soc. chir. de Paris,* 1895, n. s., XXI, 603-608.

Bourke. — The local application of guajacol as a meaus of reducing temperature. *Med. Press. et Circ.* Lond., 1896, n. s., LXI, 420.

Patron (J.). — El guayacol como topico antitermico. *Cron. med.* Lima, 1896, XIII, 56-70.

Royster (H.-A.). — Clinical notes on guaiacol. *North. Car. M. J.* Wilmington, 1896, XXXVII, 345-348.

Anders (J.-M.). — Some therapeutic uses of guaiacol. *Med. and Surg. Rep.* Phila., 1896, LXXV, 140-142.

Mc Cormick (H.-G.). — Some therapeutic uses of guaiacol. *Ther. Gaz. Detroit,* 1896, 3 s., XII, 365-367, et *Med. and Surg. Rep.* Phila, 1896, LXXV, 202-205.

Colleville. — Des injections sous-cutanées de gaïacol chloroformé. *Gaz. hebd. de méd.* Paris, 1896, XLIII, 519-522.

Schramkow (J.-J.). — Ueber die temperaturherabsetzenden Wirkung der Bepinselung der Haut mit Guajacol. *Therap. Woch.* Wien., 1896, III, 728-735.

Ceconi (A.). — A proposito dell' azione antipiretica del guaiacolo per applicazioni esterne. *Morgagni.* Milano, 1896, XXXVIII, 265-282.

Revello (R.-P.). — Sulla eliminazione del guajacol per le vie acre. *Arch. ital. di Clin. med.* Milano, 1896, XXXV, 77-84.

Geronzi (G.). — Il guajacol come anestesico. *Arch. ital. di otol.,* etc. Torino, 1896, IV, 323-327.

Anders (J.-M.). — Some therapeutic uses of guaiacol. *Tr. M. Soc. Penn.* Phila, 1896, XXVII, 180-184.

Broïdo (S.). — Le gaïacol d'après les récents travaux russes. *Gaz. des hôp.* Paris, 1896, LXIX, 1052-1062.

Desguin (L.). — De l'action analgésiante du gaïacol, *Belgique méd.* Gand-Haarlem, 1896, III, 385-387.

Guérin. — Des badigeonnages de gaïacol dans le traitement de la tub. pulm. *Thèse,* Montpellier.

Poliakoff (P.). — Cas de lupus guéri par l'emploi local de la créosote. *Woïno Med. Jour.,* février, p. 332.

Discussion sur l'emploi de la créosote dans la tub. pulm. *Soc. méd. des hôp. de Paris,* janvier et février.

Cobb. — Observations de 11 ans sur l'usage de la créosote dans la
tub. *Jour. of the Amer. med. Assoc.*, 22 février, p. 370.

Guiter. — La créosote dans la tub. pulm. *Gaz. hebd.*, 27 février,
p. 193.

Walters. — Injections sous-cutanées de créosote et de gaïacol
dans la tub. pulm. *Brit. med. Journ.*, 24 déc. 1895, p. 1488.

Breton. — Des injections d'huile d'olive stérilisée au gaïacol iodoformé dans la tub. pulm. *Journ. des prat.*, 29 fév., p. 134.

Coghill. — Gaïacol en inj. hypoderm. dans la tub. pulm. aiguë.
Brit. Med. Journ., 7 mars, p. 523.

Kaatzer. — La créosote dans la tub. pulm. *Wien. Med. Presse*,
14 juin, col. 811.

Serenin. — Traitement local du lupus par la créosote. *Vratch*,
n° 36. *Monatsh. prakt. Derm.*, 15 mai, p. 535.

Boulengier. — Traitement créosoté dans la tub. pulm. *Presse
med. Belge*, 6 septembre, p. 281 ; 25 octobre, p. 339.

Stangujeff. — Traitement de la tub. par la créosote. *Cong. med.
russe*. Kiew ; *Pest. med. chir. Presse*, 9 août, col. 755, et
Gaz. méd. Paris, 18 juillet, p. 336.

Tronchet. — Badig. du gaïacol dans la granulie. *Poitou méd.*,
1er septembre, p. 378.

Bohey (R.). — Injections trachéales de créosote dans la tuberc.
laryngo-pulm. *Gaz. méd. Catal.*, 15 décembre, p. 719.

Clerc. — Sur la méthode des injections intratrachéales : inj. créosotées dans la tub. pulm. *Thèse*, Lyon.

Poljakov. — Traitement du lupus par la créosote. *Deustche med.
Zeit.*, 16 juillet, p. 622.

Stangeed. — Traitement de la tub. par la créosote et l'huile de
foie de morue. *Pétersb. med. Woch.* Beil, n° 8, 12 septembre,
p. 44.

Humphreys (J.). — Gaïacol et créosote dans la phtisie pulmonaire. *Lancet*, 19 décembre, p. 1790.

Année 1897.

Lemoine. — Indications et contre-indications de l'emploi de la créosote dans la tub. pulm. *Rev. intern. de méd. et de chir.* Paris, 1897, VIII, 330-334 et *Nord méd.* Lille, 1897, III, 201-207.

GINGEOT. — La créosote et la forme éréthique de la tub. pulm. *Rev. gén. de clin. et de thérap.*, n° 25.

VON STARCK. — Zur Kreosotbehandlung der Lungentuber. *Mitth. f. d. Ver. Schlesw. Holst. Aerzte.* Kiel, 1896-97, n. F., V, 36-42.

VON VOORNVELD (H.-J.-A.). — Kreosottherapie bij longtuberc. *Met. Weekbl.* Amst., 1897-98, 2 R,. XXXIII, d. I, 899-907.

BOTEY (R.). — Les injections trachéales de créosote et gaïacol dans la tub. laryngo-pulm. *Ann. des mal. de l'or., laryn., etc.* Paris, 1897, XXIII, pt. 2, 140-142.

VOODBURY (F.). — A note on twonew creosote compounds ; creosote valerianate and gaïacol val. *J. Am. m. Ass.* Chicago, 1897, XXIX, 465-467, et *N.-York m. J.*, 1897, LXVI, 322-325.

BURROUGHS (J.-A.). — Observations with creosote in tuberculosis. *Georgia J. M. and S.* Savannah, 1897, I, 142.

COMPAIRED. — A proposito de las inyecciones intratragueales creosotadas in la tub. pulm. *Siglo med.* Madrid, 1897, XLIV, 644.

GRAM (C.). — Kreosot og Guajakol carbonate i store Doser ved lungtuber. *Hosp.-Tid. Kjobenh,* 1897, 4 R., V, 797-802.

GRAHAM (C.-W.). — The tolerance of creosote. *Brit. M. Journ.* Lond., 1898, I, 144.

JACOB (J.) et NORDT (H.). — Ueber Creosotal. *Charite Ann.* Berl., 1897, XXII, 159-174.

MORIN (A.). — La créosote et les phtisiques. *Actualité méd.* Paris, 1898, X, 8.

SAINSBURG (H.). — The use of creosote and creosote derivatives in the treatment of tub. affect., in particular of phthisis. *Internat. Clin.* Phila., 1898, 7 s., IV, 31-38.

HESSE (W.). — Beitrag zur Giftwirkung des Kreosots und Guajacols im Vergleich mit Kreosotal und Guajacolcarbonat. *Deutsche med. Woch.* Leipz. u. Berl., 1898, XXIV. Therap.-Beil, 11.

Antony (W.-E.). — Creosote valerianate and guaiacol val. versus creasote carbonate and guaiacol carb. *Indian. Lancet.* Calcutta, 1897, X, 562.

Chaumier (E.). — Creosote and som of its derivatives. *Lancet.* London, 1898, I, 222, et *Courr. méd.* Paris, 1898, XLVIII, 121-126.

Zum (W.). — Weitere Erfahrung mit dem « Creosotum valerianicum » (Eosot). *Therap. Monatsch.* Berlin, 1898, XII, 130.

Année 1898.

Squire (J.-E.). — The administration of large doses of guaiacol in phtisis. *Lancet.* Lond., 1898, I, 993.

Genéviver (A.). — Le phosphate de gaïacol. *Rev. intern. de méd. et de chir.* Paris, 1898, IX, 93-95.

Ingraham (C.-W.). — A successfiel mode of administering beechwood creosote in pulmonary tuberc. *Thérap. Gaz.* Detroit, 1898, 3 s., XIV, 299-302.

Lamplough (C.). — One humdred cases of pulm. tuber. treated with large doses of beechwood creosote. *Brit. M. J.* Lond., 1898, I, 1383-1386.

Farnfied (W.-W.). — Creosote in tuberculous disease. *Brit. M. Journ.* Lond., 1898, II, 237.

Acland (T.-D.). — Case of phthisis treated with guaiacolate of piperidine. *Brit. M. J.* Lond., 1898, II, 154.

TABLE DES MATIERES

CHARTRES. — IMPRIMERIE DURAND, RUE FULBERT.

CHARTRES. — IMPRIMERIE DURAND, RUE FULBERT